環境対策こそ企業を強くする

環境との運命的出遭い

環境大臣 衆議院議員
原田義昭

集広舎

はじめに

環境大臣　原田義昭

環境対策との運命的出遭い

平成30年10月2日、環境大臣の任命を受けた。私にとって、環境行政は実は、2度目となる。昭和45年4月、旧通産省（通商産業省）に入って最初の任務が「公害保安局」、名の如く、公害問題、環境対策に取り組んだ。高度成長経済の真っ只中、国の環境汚染は分野を超えて広がっていた。政府挙げて公害対策が急務であった。四日市ぜんそく、水俣病、イタイイタイ病など深刻な社会問題が国を覆っていた。同年7月、政府は『公害対策本部』を急遽立ち上げ、その長に総務長官の山中貞則氏を充て本格的対策に乗り出した。

その秋10月の臨時国会こそ、いわゆる「公害国会」と呼ばれ、公害対策基本法、大気汚染防止法、水質汚濁防止法、ついには公害犯罪処罰法に至るまで、実に14の法律が成立した。今日の公害対策、環境対策の基本は、全てこの国会で決められたといっても過言ではない。

その年12月末、予算編成の大詰めの年末だったか、来年には「環境庁？」とかいう役所が出来るらしい、という衝撃的ニュースが通産省に入ってきた。

年明けて46年7月、「環境庁」が発足した。

かくして、私にはこの1年余の動きは明確な記憶の中にあり、万感をもって思い出す。私は官僚社会の1年目として、あらゆる雑事、法案の下書きから、国会審議の走り使いから、ひいては、環境庁設立の第1報まで、文字通り身を以て体験した。率直に言おう、公害対策は通産省の立場からは、相容れないことが多かった。公害対策、大気汚染対策など企業にとってはコストそのもの、企業経営にはもちろんマイナス、専ら外部不経済としか認識されなかった。環境庁の発足が企業サイドに立つ通産省にとって如何に脅威と響いたか、そこにいた者しか分からない。（「環境省」には平成13年1月、組織昇格）

「公害対策本部」（昭和45年７月）、「環境庁」（昭和46年７月）の看板。
環境省　省議室保管

入閣

その環境省の大臣に私は就いた。「環境庁」発足から実に半世紀が経つ。

私にとっての驚きは、『環境と経済の好循環』ということば。「環境対策をすれば、その企業は伸びる」、環境規制が強化されれば、その企業は乗り越えるための努力をする、技術開発、イノベーションに努力する、新製品を創り上げる、競争力が増す、企業イメージが上がり、遂には利益も上がる……。環境対策の強化こそが経済の好循環の契機となる。今はまさにそういう時代になったのだ。技術開発、イノベーションこそが競争を制し、そのイノベーションたるや、単なる直線的な伸びではなく、不連続、ないし幾何級数の発展でなければならない（と、安倍首相は、いつも強調される）。

環境対策のグリーン化

国では、環境志向の企業には、政策的な支援を網羅する、グリーン金融、グリーン税制とも呼ばれる。最も驚くのは、環境政策を後押しする金融界の存在。

「ESG=Environment,Society and Governance 環境、社会、管理」運動は、国際的な動きで西欧中心に大きな広がりを見せる。金融は言うまでもない、企業、産業活動には決定的影響を持つ。環境対策に熱心な企業には金融界は融資も投資も、前向き、優先的に行う。他方不熱心な企業には、融資、投資を止めるばかりか、divest（=引き揚げる、引っぱがす）ことも辞さない、とする。（日本は未だ、ＥＳＧ運動におくれをとっているか。）

今や「環境対策」こそが時代を代表し、時代を変えていく決定的な産業政策であることを素直に信じることとした。

地球温暖化

環境政策は地球温暖化（global warming）、気候変動（climate change）に集約される。このところの異常な酷暑、風水害の頻発はこれら地球温暖化との関係は科学的な論証がなされている。故に地球温暖化対策こそ究めなければならない。温室効果ガスを減らすこと、二酸化炭素ＣＯ$_2$の排出量を減らすことと同義語と理解してよく、それはいわゆる「パリ協定」こそ最も権威ある共通の認識となった。

人間活動の全てでＣＯ$_2$は排出されるが、その排出の抑制と放出からの吸収の総和で排出量は決まり、いずれも技術の進歩で改善される余地は大きい。「パリ協定」は21世紀の平均気温を19世紀のそれの2度を超えないこと、近年では1・5度を超えないことを大きな目標と定めている。

脱炭素、石炭火力の抑制

その中でも、石炭火力発電の温室効果が最も大きく、英仏独などの先進国ではすでに近い将来での石炭火力の禁止も宣言している。わが国も政策的には石炭火力発電を抑制することを決めており、環境省へのアセスメント（環境影響評価）の申請では、「中止」や取り消しを勧告することも辞さない。新設の方針が決まったものでも行政的説得を通じて止めさせることに全力を尽くした。東京電力を含む電力業界には計画中止など特段の個別の要請まで行っている。

また、「炭素税の導入」（carbon pricing）については、中央環境審議会に小委員会を作り約1年、検討してもらった。未だ結論は出ていないが、私は一貫して前向きに検討すべしとの態度をとっており、環境省の存在意義はここにありと考えている。

なお電力の安定供給の立場から、原子力発電の重要性が減ずるものではない。

フロンガス対策

フロンガスは冷房、冷却剤として現代社会にとって不可欠の有用素材である。いわゆるオゾン層を破壊するため厳しい国際規制が導入され特定フロンについてはほぼ遵守されることとなったが、一方で代替フロンの規制については新たな取り組みが必要。この5月、わが国はフロン規制法を改正、強化して、使用後の回収、廃棄の取り扱い違反には直罰規定まで導入した。しかし他方、外国では先進国も含めて実際の規制の運用が緩いことが、改めて判明した。

代替フロンの温室効果は同単位でCO_2の1万倍にも及ぶということも踏まえて、この代替フロンの国際規制を見直さなければならない。日本としては、いわゆる「モントリオール議定書」の国際体制を抜本見直すことを含めて具体的な提案をすることとしている。

海洋プラスチック対策

海洋プラスチック汚染問題については、G20大阪サミットにおいて、安倍首相の主導の下、2050年には一切のプラスチック汚染を海洋に投棄しないことを決めた（大阪オーシャンブルー計画）。その具体的実施計画は、10月に東京で行われる専門家会議で日本の考え、将来の道筋を議長国として示すこととしている。

海洋プラスチック汚染について現状での各国排出量は、中国を筆頭にインドネシア、フィリピン、インドなどアジア諸国が圧倒的に多いが、G20環境エネルギー大臣会議では先進国、途上国問わず全ての国が共通の規制に従うことを目指した経緯がある。

さらに新規汚染のみならず既存の滞留汚染の掃海活動にも政策的対応を目指さなければならない。わが国としては、香川県が、近隣漁協との協定で漁船が回収してきた漁網などを有料で買い上げるなどの実績があり、それを水産庁の協力を得て、国の制度として全国に拡げることとした（「香川方式」）。

レジ袋の有料化

「レジ袋の有料化」についても明確化した。スーパーでもコンビニでも、レジにおけるレジ袋は当然のように無料で提供されるが、そのことで店舗も消費者も、プラスチック製レジ袋が粗末に扱われる。富山県は10年来、レジ袋を有料とし、必要な消費者が4～5円支払うことで、プラスチック汚染を抑えてきた実践がある。今回環境省としてもそれに準拠して、「富山方式」として全国版に広げることとした。経済界や消費者団体との調整、法的な措置が必要となる。

トランプ大統領との会話

令和が始まって直ぐ、5月27日、国賓第1号の米トランプ大統領が来日された。

私は幸せなことに、閣僚として応接し、僅か数分間であるが直接にご挨拶する機会を得た。見上げるほどの偉丈夫。「I am the Minister of Environment of Japan.（私は日本の環境大臣です。）」と自己紹介した途端、大統領はいきなり「global warming（地球温暖化）、global warming」の言葉を2、3回繰り返された。

あたかも私には、自分が環境問題に熱心だと言わんばかり。トランプ大統領は「パリ協定」から離脱して環境問題を軽んずるだろうと懸念されていただけに、私には、大変意外だったこと、米国とて本心では環境政策に真剣なのだという強い印象を与えた。私は「環境対策をよろしく」と言って握手をした。グローブの様な大きく分厚い手であった。

水素こそ究極のエネルギー

水素エネルギーを環境政策に活用するというのは、世界的課題である。水素は無限にあり、一切CO_2を発しない。

私も「水素こそ『究極の』環境型エネルギー」と

銘打って、意識的に活動してきた。フランスでのG7会合（5月）には、日本の関係企業を連れて、仏独両国の先進企業と今後の協力を約してきた。日本は実は水素研究は決して進んでいない、むしろおくれていると覚悟した方がいい。国も産業界もさらに本気で取り組まなければならない。

環境省は九州大学とこのテーマで正式な協力関係を締結したが、国が率先してインフラ整備、即ち自動車、鉄道、船舶も含めて全てにエネルギー転換を推進すること、要は具体的な「総需要」を創出することに尽きる。

九州大学との接触の過程で、「今中国から九大には、毎週、大小の視察団がやって来ています」（佐々木一誠副学長）との言葉は真剣に聞き留めておくことが必要である。

令和元年8月（残暑の中で）

環境対策こそ企業を強くする　環境との運命的出遭い◉目次

はじめに 3

平成30年 Ⅰ 7月2日〜10月1日

平成30年 Ⅱ 環境大臣として 10月6日～12月31日

平成31年　環境大臣としてⅡ　1月1日～4月30日

令和元年　環境大臣として　Ⅲ　5月1日〜8月5日

平成30年　I

7月2日～10月1日

Wサッカー「泣くな、西野監督」

予選の3戦目、対ポーランド戦は、記録と記憶に残る。1点リードされた残り10分、日本チームは攻撃を止め、あろうことか、時間稼ぎのパス回しを始めた。初め、私は目を疑い、選手をなじった。が、直ぐに何かあると抉《えぐ》ったものだ。案の定、ルールで日本は予選2位となり、決勝進出を果たした。

その是非について、内外議論は沸騰した。フェアプレイを目指す国際大会で有るまじき、恥ずべき行為と断ずる声、声……。しかし、監督は咄嗟に決断した。如何に美しくしくなかろうと、如何なる非難を受けようと、1億国民の悲願（決勝進出）は果たさなければならない。その結果は、全て俺が持つ……。

今日、どこかの会合で挨拶したとき、私は思わず一言加えました。「西野監督が改めて立派な監督と分かりました。悩み悩んで、あの決断、しかもその瞬間に。彼は寡黙なのがいい、弁解しないのがいい。私は心の中で、泣くな、西野さん、と呟いています」。

指導者とは本当は孤独なものだ、とよく言われます。

平成30年7月2日（月）

「独禁法」改正作業、「経済大競争に勝つために！」

「独禁法」（「独占禁止法」）はおよそ企業の自由で公正な経済活動を支える国の最も基本的法制のひとつですが、経済活動が国際化、グローバル化した今、その運用の見直しが行われています。

この分野、すなわち独禁法や産業競争分野では、とりわけ日本法には公取委などの行政調査の際「弁護士秘匿特権」（「弁

護士と事業者の情報秘密を守る権利」）がないとされており、このことで日本企業の絡んだ大型カルテル事件などは不利に扱われることがある。「国富の二重の流出」、すなわち日本企業は訴訟そのもので不利になり、また関わる日本人弁護士も外されると も言われており、せめて国際水準並みに日本法を改正すべきというもの。

私はこの問題の責任者（自民党「競争政策調査会会長」）としてこの2年間、行政各省、経済界や弁護士会などと広く意見調整を進めています。いささか専門的、かつ特殊な法律問題で未だ調整は十分進んでいませんが、これから日本が世界の経済大競争に勝つためには必須のものであって必ず成し遂げます。

7月3日（火）

誠意、勤労、見識……。柴田徳次郎先生の教え

那珂川町（ミリカローデン館用地）にある「国士舘大学」創立者「柴田徳次郎先生」記念碑。昨年秋、私塾「国士舘」創立100年を期に作られたもの、先生は福岡県那珂川町別所の生まれ。日本近代化のために政治、それ以上に青年教育の重要性を訴え国士舘大学を創られた。

「誠意」「勤労」「見識」「気迫」の4徳目は私たちの目指すべき方向を余すことなく示してある。

なお私は九州出身の偉大な教育者として大分県の福沢諭吉（慶応大学）、佐賀県の大隈重信（早稲田大学）と並べていつも福岡県の柴田徳次郎を挙げることとしています。

7月4日（水）

九州北部豪雨、追悼式

7月5日、あの九州北部豪雨から1年経ちました。本当に辛い1年でした。大変な被害を受けました。傷跡は今もなお生々しく残っています。国、県、市町村挙げての応急対策は一段落しましたが、本格的な復旧、復興への工事、体制整備はむしろこれからです。

今日は朝倉市（杷木）と東峰村においてしめやかに合同追悼式が行われ、私は朝倉市の追悼式に臨み追悼の辞を述べました。今日までのご苦労、これからの官民挙げての取り組みに及び、最後は朝倉高校の生徒たちが斉唱した「あさくら讃歌」を引いて、この故郷はしっかりと私たちで守り抜くこと誓いました。本当に悲しい1年でした。

朝倉市で33人、東峰村で3人、行方不明者が2人、祀られています。

7月5日（木）

西日本一帯、記録的豪雨、犠牲者100人を越しそう

7月6日以降、福岡県を含む西日本一帯に記録的な豪雨が続いている。「これまで経験したことのない大雨」「極めて重大な危険」などと、気象庁そのものが終日、最高度の表現で災害の予測と防災、避難を呼び掛けている。

わが福岡、わが地元もその中にあって、決して緊張を緩めることはない。僅か2日前、かの「九州北部豪雨追悼式」が行われ、精神的にひと区切りついた瞬間であったが、福岡県内でもあちこち相当の被害、災害が発生している事態となった。ついては7日、私は担当する5市2町1村を訪問、それぞれ市長ら責任者、災害対策部局を訪問し、事情説明を受け、また何でも協力をしたい旨言い置いた。いずれの自治体も緊張感をもって責任体制を整えていることに敬意を表したい。

一方、大雨の被害は西日本全域に広がっており、広島、岡山、岐阜、四国各県が特に酷そうだと時々刻々のテレビが伝える。死者、行方不明者も100人を越すとも報ずる。

天災はもちろん止めようはない、しかし被害を最小限に抑え、またその体験と学習は次に活かすことは出来る。また、最近の異常気象に対して、温暖化など地球規模研究を本気で急ぐ必要を感ずる。

7月8日（日）

大災害、「西日本豪雨」

西日本一帯の豪雨災害が広がっている。豪雨による人的被害としては平成で最悪と報じられる。政府、自民党、さらには議会（災害対策特別委）でも迅速な対応がとられている。

自民党本部においても対策本部が設置され初回の会合が行われた。膨大な資料が作られ行政、自治体は概ね動いているが、判明する被害は時間を経るに大きくなっている。「激甚災害」の指定も速やかに行うとも報告された。（なお私も「北部九州」を踏まえて発言した。）

7月9日（月）

トランプ大統領、本当に大丈夫か

日本中が豪雨災害で最も大変な折りでも、国際的動きが止まるわけではない。米国ポンペオ国務長官は核問題で北朝鮮に渡り、ついで日本に立ち寄った。

やっぱり北朝鮮は変わらない、不誠実だったと言わんばかり。あのシンガポールでの米朝首脳会談（6月12日）からひと月、「完全非核化（CVID）」など聞くことも無くなった。米国や日本がただ焦っているだけで北は何も動こうとしない。

トランプ大統領がツイッターで書いた、「どうも北朝鮮の後ろには中国が付いているらしい、中国が米朝交渉を邪魔しているらしい……」。

ちょっと待て、トランプさん、今更気が付いたなど驚かすでない、北朝鮮はいつも中国そのものであって。あの国連安保理の圧力、制裁行動の時も中国に頭を下げて協力をお願いした、協力などするはずはない、と誰でもすぐ分かるのに。

故に日米韓3国は外相が集まって、経済制裁は完全非核化まで継続すると申し合わせた、あまりに当たり前のことで。

7月11日（水）

ある子ども事件、私の関わったもの

夫婦が不仲になり、別居となった。いずれ離婚となるが小学生の娘の親権と監護権を巡って民事訴訟となった。母親には過去、家庭内暴力があったとの理由で父親に監護権が下った（親権は共同）。

娘は父親（A地）に全くなつかない、小学校にも馴染まない。ついに夜中に家出をして警察と児童相談所に世話になる。隣県の母親の所（B地）に電車で逃げて行く。父親はその都度母親の家に裁判所執行官を手配して娘を取り戻す。娘はB地の児童相談所にも母親と逃げ込むが、児童相談所は、一時預かりはしても「娘を返せ」と主張が来ると、結局父親に受け渡す。

娘は3カ月近く学校に通っていない。学籍簿がないためB地の小学校には行けない。文部科学省の通達には、如何なる理由でも、義務教育はその地で受けさせよとある。よって母親はB地教育委員会に娘の就学を申請した。

教育委員会はA地教育委員会に相談したら、裁判所判決（父親の監護権）、さらにはA地児童相談所の意見で、学籍簿は渡せないと答える。文科省に問い合せると、法律的問題だからと法務省に質問したがなかなか答えが返ってこない。それでも文科省は最後は学籍簿がなくても「極めて例外的に」就学を認めるとなった。

今、娘は母親との生活で落ち着いている。元気に小学校に通っている。父と娘の面接交流、夫婦離婚問題など、民事上の手続きは続く。

児童相談所について、A地でもB地でも自分の手を離れれば追っ掛けていかない。警察も教育委員会も追っ掛けない。県境を越えるとますます権限もなくなる。

本来、子ども自身に父母どっちに行きたいか聞けば済むはずであったが。離婚や別居は所詮大人の問題、子供に罪はないのだが。

私は、弁護士であり法律は分かる、元役人であって役所の行動も分かる。しかし私は、何よりも政治家であって、あの子どもの悲しみと涙こそが身を切るほどに分かる。夜空にひとり母親求めて街中を徘徊する子どもの……。

7月12日（木）

タイ人は偉い！
タイの洞窟、13人完全救出

最近のニュースで最も感激したもののひとつ。タイのサッカー少年が引率コーチとともに探険のつもりで洞窟に入った。大雨やら難しい迷路で遂に奥深くで行方不明。最初は絶望のような報道だったが、生存のニュースに世界中が沸き立った。

ただここからが本当の苦しみと困難とが始まる。5キロ以上の奥地、しかも狭い通路で殆ど水の中という。（実は、私は洞窟内の状況がどうしてもイメージ出来ないのだが）ともかく極限の難所らしい。

遂に13人全員が救出された。手に汗握る、文字通り死と直面する、超危険な作戦であった。国挙げての態勢と実は沖縄米軍の専門技術士も救出作戦の中枢を担った。

洞窟内には結局18日間いたという。暗黒と完全密閉された空間、空腹や喉の渇きはもとより、肉体的、精神的苦痛にどう耐えたのか。少年たちは本当に頑張った。宗教（仏教）への信心も強さの理由だったか。そして引率のコーチこそおそらく特段に立派だった、少年たちを勇気づけ、諦めてはいけないと励まし続けた。そして遂にこの奇跡のニュースとなった。この少年たちは世界中の少年たちに明るい希望と生きる勇気を与えずにおかなかった。

私はタイの国民に改めてその強さと同胞愛に心から敬意を表したい。またこの捜索準備段階に1人の隊員が事故死した。彼の献身的犠牲の上に13人の救出があったことを決して忘れてはならない。

7月13日（金）

女子留学生の日本語弁論大会

福岡市にて女子留学生の日本語弁論大会が行われた。私は直前に災害対策活動があったので、着替える暇もなく防災服のままで出席。日本の災害事情、彼女らが世界の平和と繁栄のためまた女性の地位向上のため先頭に立つべきこと、ついでにタイの少年が全員洞窟救出で頑張ったことが世界中の少年たちに励ましとなったことなどを挙げて、さらなる努力を期待しました。セクハラだのパワハラだの横行する時代、若い世代がしっかりと育っていることが頼《たの》母《も》しい。

7月14日（土）

「西日本豪雨」災害、朝倉視察

西日本豪雨災害も1週間経つ。死者200人越す大災害となった。広島、岡山、愛媛県を中心に特に深刻な災害状況がほぼ全日テレビ報道されているが、わが福岡県も決して例外でない。今日は自民党本部災害対策の役員今村、坂本2代議士が朝倉市秋月地区の災害現場視察に来られたので、私も現場と朝倉市役所に同道、今後の対策検討に加わった。昨年と同種の苦労に加えて、今年の全国的暑さはまた異常である。

7月15日（日）

オウム真理教、死刑執行。宗教者よ、立て

オウム真理教教祖麻原彰晃らの死刑が執行された。あの「地下鉄サリン事件」も23年になる。麻原の本音を聞きたかったなどの論評もあるが、彼が話すはずもなかった。殺された遺族や被害者のことを考えれば、死刑執行はむしろ遅すぎたというのが私の率直な印象である。元外務省、作家の「佐藤優」氏がいつもながら卓見を述べる。彼自身、キリスト者を自認している（「産経新聞」7月15日）。

オウムが狂気の宗教であることは間違いないが、しかしおよそ宗教はその狂気性を常に持っている。キリスト教の改革者マルチン・ルターでさえ、大なる救済のためには小農民の殺人を正当化した。ヒトラーはルターを熱心に尊敬していたという。洋の東西、宗教戦争を持たない国は多分無い。信仰のために死ぬことを決意した人は、他人の命を奪うことへの抵抗感を失う。「ナショナリズム」は近代以降の最大の宗教とも言えるが、祖国のために命を捧げることを決断した人は躊躇なく人の命を奪う。今の中東を思えば説明は要らない。

ここで神学者や宗教学者は、宗教には狂気や危険が宿ることについて、人に伝えることに積極的でなければならない。日本では宗教について学校で学ぶ機会が少ない、いや意図的に避けている節がある。この混沌とした社会では教養や専門知識は学べても、心の空白を満たす環境が容易に得られない、その隙間にこそ、危険な宗教がつけこんでくる。「イスラム国」（ＩＳ）のように他者の命を奪うことを積極的に肯定する国際テロ組織も生まれ、それに意識と行動を惹かれる若者が続いた。

ロシアには「宗教的（精神的）安全保障」という言葉があるそうだ。ソ連崩壊の混乱期にオウムを含む様々に危険な宗教が若者を捉えた。その教訓から中高生、大学生には広く宗教に関する教育を与えている。

　オウム事件は日本の犯罪史上特異な事件であった。宗教事件ではあったが、これは教育、社会、刑事、政治に余りに広い関わりを持って、今後講学的研究も進んでいくのだろう。少なくとも宗教者、宗教学者の役割は大きい、と私も考える。　7月16日（月）

トランプ大統領と「ロシア疑惑」

　トランプ大統領が欧州訪問した後、ロシアのプーチン大統領と首脳会談したが、評判が良くない。

　友好のEU諸国とは安全保障、経済通商で仲違いが広がり、ロシアとは逆に親密さが際立った。しかしロシアとはいわゆる「ロシア疑惑」、一昨年の大統領選挙（トランプ当選）でロシアが選挙運動に加担したというもので、米国司法当局は本気でロシア側を狙っている。

　ウクライナ侵攻以来、米国ら欧米はロシアを経済制裁で責め続けている。

　さて首脳会談では、トランプ氏がロシア疑惑は無かったと言ってプーチン氏を喜ばせた。米露の外交関係は一気に良くなっただろうが、トランプ氏は帰国したところ、あまりに不評で驚いた。そこでロシア疑惑は「無い」と言ったけど、実はあれは「あった」と言うべきところ、「つい言い間違えた」と笑って誤魔化した。トランプ氏にしては珍しい、弁解するなんぞ。

　これを安倍さんがやったら、恐らく大事《おおごと》であった。その辺の失言と訳が違う、辞任とか不信任とか大政局になったろう。
　トランプ氏は何故こんなにも強いのか。米国の大統領は直接選挙の大統領制であって議会に依拠しないこと、行政や政府は全て大統領にのみ帰属しており、閣内不一致などは理屈上もあり得ない。全てその評価は大統領選挙か中間選挙でしか判断出来ない。尤もトランプ氏は余りにも異質ではあるが。

7月18日（水）

横浜にて「自動運転車」の走行実験

私は横浜市横浜港において、今開発中の自動運転車の路上走行実験に参加しました。自動運転については、はるか遠いことのように思っていましたが、ＩＴ技術などの急速な進歩とそれに伴う社会的意識の変革で、今や実用も直ぐ手の届くところに来ており、むしろその安全性や信頼性など社会実験、実証試験こそが大事となってきました。

日本青年会議所（ＪＣ）では、この度横浜での夏の全国大会に合わせて、路上での自動運転の路上実験に取り組み、それを多くの観客の前で実演したものです。

尚私は、今回の企画に当たって、警察、道路、市、日本郵政など行政との折衝をお世話したことから呼ばれたもので、しかし非常に得難い現場に居合わせたものと感謝しています。

7月24日（火）

「台風12号」、異常気象か

「台風12号」が暴れている。まず小笠原海域から発生し関東地域に上陸、そのまま西に移動、近畿、中国を通って九州に。台風となれば沖縄から九州に上陸、日本海、本州と北上するのが定番であったが、今回は関東から西下するというかつてなかった珍しい動き。各地で大きな被害を残した。

40度にも達する連日の高温で、熱中症死まで発生、気象庁もテレビも天気予報では「危険な」暑さと繰り返す。雨も風も「危ない、恐い」という形容詞で豪雨、大風を表現する。

「異常気象」と言われたものが、いつの間に普通になってきた。「地球温暖化」と関係があるのか、いずれも人間の側がしっかりしなければいけない。

7月31日（火）

障害者、来たれ！　君こそが「戦力、稼ぎ手」だ。ＩＴ業界の雄は今

障害者といえば福祉政策になるが、その枠を大きく超えて堂々ビジネスで生きている企業がある。福岡市の「カムラック（Comeluck）社」、その名の通り「幸運が来る会社」である。社員約１００名、その８割がいわゆる障害者といわれる人々、その全てが今やパソコンとネットを駆使して世の最先端に関わり、当社や派遣先で一大戦力となっている。

その障害者は、失礼だが「普通の障害者」、身体障害か、知的障害か、精神障害を持つ者。しかし決定的に違うのは、全てがインターネットの技術者で、もっと違うのは、自分たちは自力で稼げるという強烈な自信と誇りを持っていること。体の不自由な人は、確かに不自由そうに見えるけれど、逆に健常者に比べて、ひとつ事に打ち込める、辛抱強く、飽きない。皆な子どもの時からゲームやパソコンに触れている、人との会話（コミュニケーション）は苦手でも、チャットやラインでは自由に通じ合っている。彼らはネット、ＩＴを趣味ではやっていたが、仕事を与えることで、その専門性はみるみるレベルアップ。社内に特別の教育機能もあって、外部の人も通っている、指導陣もしっかりしているから尚更、発達の速度が速い。

会社の業務室では、全員が端末機器と向き合っている。話す人はいない、静かな雰囲気の中で、ただ激しいキーボードの音と、咳や呻きや生活音が響いてくるだけ。それぞれが自分のテーマ、例えばホームページ作り、データの集積、データの解析とグラフ化、スマホアプリの開発等々に懸命に取り組む。忙しさは、当社の営業努力でもあるが、今や一般企業からの引き合いが絶えない。

国全体、とりわけ好調な企業、業種は今、深刻な人手不足に悩んでいる。労働強化にも限界がある。

高齢者や女性の活用にも頼っているが、障害者は使えないのか、「カムラック社」の着眼は鋭かった。実際にトライしてみると凄い、ネットに慣れている、直ぐにスキルアップする、決して飽きて止めない、無駄話をしない……。かくして今や当社では総勢80人の障害者が収益の大方を稼ぎ出している。従業員の平均月収は20万円にもなり、もっと稼ぐ元気者もいる。福祉の就労支援施設（1万5000円／月）の何倍にもなる。世の中にそれだけ貢献しているということ。

「カムラック社」代表の「賀村研」さん。元々IT技術者として、また様々の経験と苦労を重ね、遂に福祉との合体という天命に辿り着いた。目指す社会改革の夢は大きい。その昔、多少、彼にはお手伝いしたことがあるのだが、再会を機に更に協力を約した。電話　092‐643‐7555

8月1日（水）

「金正恩氏は中国が嫌い、米国と国交を」（韓国大学教授との論戦）

韓国大学教授で元南北統一省次官たる人の講演「北朝鮮問題」を聴いた。どちらかというと楽観論に終始した。

私は手を挙げて、質疑した。北朝鮮の背後に中国が控える、金正恩氏は3度も北京を訪問し、かつシンガポールの米朝首脳会談には中国の飛行機で行ったぐらいで、今や完全に中国の傘下に陥っている。今世界は事実上「米中新冷戦」の時代に入っている。ついては韓国も余程しっかりと日米同盟、西側国家として足場を固めないと、いつの日か中国の影響下で南北統一が行われるし、日本にとっては最悪の事態となる。なお私は、平昌オリンピックを契機に文在寅大統領の果たした南北緊張緩和への決断と行動は最高の評価に値すると強調した。

対する教授の答え。「金正恩委員長は米国と国交することを最も望んでいる。日本との国交も望んでおり、いずれ日朝会談もあり得る。核戦力は、本当は残したがっている。本音を言えば、金正恩氏は、中国が好きでない、むしろ嫌っているので、余り心配は要らない……」。

ブラジル（サンパウロ）に出張、国際会議や経済交流に出席中

8月2日（木）

今この文章はブラジルのサンパウロから送っています。大国ブラジルに、私は行ったことがなく、長い間一度は行かねばと思っていました。ブラジルは日本から一番遠い国、地球儀でもちょうど真裏にあり、現実に遠い国でした。12時間掛けてスイスのチューリッヒで一旦中継、7時間休憩して、そこからまた12時間掛けて漸く到達しました。時差もまた丁度12時間で、腕時計の針は変えずそのまま、昼夜を逆転して読めばよく、当然に「夜は眠れず、昼間は眠くて」状態です。南半球ですから夏冬も逆で、祖国の異常な酷暑を尻目に、こちらは真冬です。日本の2月くらいで、内外、少し肌寒いという感じです。

なんといってもブラジルは移民の国で、日本からの移民は今世界中では350万人、ブラジルには190万人、うちサンパウロには断トツの150万人いると言われています。今年はその対ブラジル移民の110年目にあたり、7月25日の盛大な記念式典では皇室の「眞子さま」がお祝いを述べられました。福岡県からは、小川洋県知事、井上順吾県会議長も出席されたという。

なお私も総領事館において、福岡県出身の県人会会長らと早速あいさつを交わしたところです。

8月4日（土）

ブラジルから世界の平和と繁栄を（その2）

まず総領事館を訪ね、総領事らからブラジル国とサンパウロ地域の概況を伺った。サンパウロは日本移民の歴史と規模が最大で、日本全ての都道府県の県人会があるという。

福岡県と山口県の出身会長らと懇談、如何に苦労して今日があるか、さらに民間外交の重要性が訴えられた。これら先人の残した有形無形の遺産（レジェンド）は今もこの地で脈々と息づいている。

「ジャパンハウス」という日本の情報発信の拠点施設が昨年からこの地に出来ている。外務省きっての情報政策のひとつで、元々親日的な南米地区に更に積極的な情報を提供することになっている。展示など工夫の跡は十分見られるが、ただ私は、領土問題や慰安婦問題などいわゆる歴史問題への積極的取り組みが必要だと職員に注意した。「ジャパンハウス」はロンドンとロサンゼルスにも作られる予定。

合間を縫って、日本企業を訪問した。商都サンパウロには500社くらいが進出している。日立、三菱、双日など大手企業で経営責任者から苦労話を直接に聴いた。おしなべて業績は良く、ブラジルという国、南米という発展途上国の経済の潜在性、可能性は非常に大きいが、いずれも政治に安定性、信頼性が欠けることが問題。ブラジル自身今年10月に大統領選挙だが、現在の内政や候補者選定を見ると、とても大きな期待はできない風の声が返ってきた。

サンパウロにおいては民間の平和活動世界大会、ラテンアメリカ大会が行われた。主として南北アメリカの議会、宗教者、学者、社会運動家が集まり、平和の実現、貧困からの脱却、女性の権利、教育の普及などを議論、最終的には各国議会や全ての宗教が国境、民族、宗派を超えて団結して行こうと決議した。会議自体は政治、経済、宗教、文化、女性問題と各論も多岐に及び、小国だが現職の大統領、議長などもあいさつに立った。

日本からは国会議員が4人、大学関係者、宗教関係者で30名の出席、お互い日本人は親しくなり、コーヒーブレークでも多くの外国人出席者と名刺を交わした。最後に巨大なサッカースタジアムを会場に南米地区全体の大会が圧巻に終わり、さすがに宗教関係の集まりと感心した。

8月5日（日）

ブラジルの歴史と今（その3）

飛行機までの間、サンパウロ市内を観光しました。ヨーロッパ列強が植民地争奪で争った14世紀、南アメリカをスペインと分け合ったポルトガルが、ブラジルを得た。ポルトガルは国教カトリックを通じて先住民を平定し、全国に教会群を残した。サンパウロ市は植民のスタート地にあたり、「聖教会」はブラジルの始まりとされている。聖人パウロを祀り、また先住民教育を目指した学校（「コレジオ」）の発祥地でもある。

教会内に入り、聖なるミサも見学させて頂いた。なおかくも聖なる場所でありながら、ひろがる公園周辺には浮浪者やホームレスが溢れており、観光客に纏わり付く者もいる。当局はその処理にも手が回らず、レアル下落、高インフレなどこの国の経済、財政の苦境を表しているとの説明がなされた。

8月6日（月）

韓国総領事との対話。北朝鮮兵の遺骨返還は

福岡市の韓国総領事館に伺い、歓迎を受け友好を深めた。孫鐘植《ソン・ジョンシク》総領事は日本への外交経験も長く、当然に日本通と見た。本格朝鮮料理にも酔い、お互い本音で懇談した。

私は、北朝鮮問題についてまず持論を展開、曰く南北緊張緩和に文在寅《ムン・ジェイン》大統領の果たした役割は極めて大きい。その後の米朝非核化交渉は上手く進まない。韓国が北と融和するのはいいことだが、北ペースで南北統一が進み、その背後に中国がいることを警戒する、北朝鮮は今や実質的に中国の傘下にいるのではないか。

韓国は日米としっかり自由主義同盟を強化して欲しい。トランプ政権の安保、経済、貿易政策にはトランプ氏の独断もあり国際社会が困惑、混乱している。日本は北朝鮮に拉致問題で徹底的に追及する。中国の政治、軍事、経済、情報管理の膨張は止まる

ところなく、今や世界は米中の「新冷戦」の中にいる……。

孫総領事は、南北首脳会談で戦争は絶対起こさないとした。米朝間の非核化交渉はなかなか進むまい、北朝鮮の狙いは体制の保障を米国から確保すること、それまでは非核化（核放棄）は約束しない、核開発は技術的に概ね完成したと考えている。北朝鮮は余り中国が好きでないが、米朝交渉前に、米国が北朝鮮を強圧的に脅したので北朝鮮は中国に救いを求めた。その後は日本の経済支援で、日本との国交回復を非常に急ぎたがっている、日本は拉致問題を強調し過ぎではないか……

私の問い。北朝鮮は外交交渉など何故約束を守らないのか。北朝鮮には親を大事にする、約束を守るなど（儒教などの）道徳律はないのか。（答え）あの国は金正恩の意思が全ての道徳律に優先するので、彼を説得することが必要。

最後に、私は東京の「祐天寺」で日本の篤志家が納骨堂を建て、北朝鮮籍の元日本軍人の遺骨（431柱）を人道的に保管し慰霊していることを取り出した（6月22日記述）。この事実を北朝鮮に知らせることで、日本の拉致家族返還の切っ掛けにならないか、と提起し、総領事は努力すると約した。

「神宿る沖ノ島」世界遺産を訪問

8月15日（水）

福岡県の宗像《むなかた》、沖ノ島は昨年「世界遺産」群に登録されました。沖ノ島自身は、入島禁止という厳しい神域にありますが、それを起点とする、宗像大社、大島などには壮大な遺跡と霊なる文化が遺されています。この地は一地方の宗教、歴史、文化活動にとどまらず、往時3、4世紀から、大陸と接触を持ちながら、大和朝廷との深い関わりの中で、夥《おびただ》しい宗教行事、国家行事が行われていたことを今に示しています。

宗像大社辺津宮《へつぐう》、次いで船で大島に渡り中津宮に参り、また沖津宮から遠く50キロ離れた「沖ノ島」

を遥拝しました。己れの心身の清めを果たし、かつ福岡県民として晴れて地元の世界遺産を体感することで強い満足感に浸りました……。

皆様も、是非一度訪問して頂きたいと思います。

8月18日(土)

ジュニア空手国際大会

千葉県浦安市にて。青少年の空手国際大会、私は「大会名誉会長」としてほぼ毎年出席しています。空手道は今やすっかり国際化して、再来年の東京オリンピックには正式種目となります。空手は柔道や剣道と異なり未だ多くの流派があり、技や試合ルールが国内でも統一されておらず、オリンピックとなれば尚更にまとめていくのに困難が伴います。

10を超える外国の選手、指導者の懸命さには、武道としての空手が持つその精神性、倫理性は国や民族を超えたものであって、ひたすら胸を打つものがあります。私は「君たちの毎日の練習こそが、国際的平和と豊かさに繋がるのです」と挨拶しました。

8月21日(火)

「ノモンハン事件」嗚呼、モンゴル民族の叫び

80年前、1939(昭和14)年、モンゴルと中国の国境沿い、ノモンハン(今の内モンゴル自治区)で国境争いが起こった。中国(満州国)・日本(関東軍)連合軍対モンゴル・ソ連連合軍の戦いとなり、満州国がモンゴル民族の建てた国とすると、モンゴル民族同士がモンゴルの地で、列強の代理戦争を戦ったという特異な側面があった。戦闘は兵力物資に勝るソ連側が優位に展開、日本側が反撃する中で停戦、日本軍も主力部隊が壊滅するなど大打撃を受けた。

その後の定説としては日本側の死者1万7000人、ソ連側2万5000人とされているが、当時のソ連、現在の中国側は、日本側死者「5万4000人」、「日本大敗」として共産党の政治喧伝に利用し

ている……。
ノモンハンの大草原、戦場跡には政治スローガンの看板が立っている。中国語とモンゴル語で
民族の団結強化
民族の進歩促進
民族の経済繁栄
と書いてある。（以上「産経新聞」8月22日、23日による。）
今モンゴル民族はモンゴル共和国と中国（内モンゴル自治区）とに分かれている。
そして今日本には多くのモンゴル人が住んでおり、出身国を超えて全ての居住モンゴル民族のお祭りが行われている。
5月4、5日、東京都練馬区光が丘、春の祭典「ハウリンバヤル」と呼ばれ、横綱白鵬ら力士も参加し、地元では本当に大きなお祭りとなっている。何故か私にも毎年招待状が届く。また今秋「モンゴル国立大学」に「武道学科」が出来るということで招待を受けている。

8月23日（木）

「寂しけれども、悲しくない」

筑紫野市「野間猛」さんの葬儀に参列しました。地元の自民党支部では長い間、大変にお世話になりました。無理なことは言われない、いつもニコニコとされて、目立つことなく、本当にお世話になりました。政治家の来し方にはいろいろあるものですが、陰日向なくご支援頂いたものです。晩年、伏しておられて少しご無沙汰していましたが、心から感謝を捧げ、ご冥福をお祈りしました。享年94。
葬儀で御導師の短い説教がありました。僧侶（浄土真宗）と仏様（故人）は個人的にも親しかった。お寺と葬家も代々の付き合いがあった。僧侶は「誰しも御浄土で再会するのです。今私は寂しくはありますが、悲しくはありません」と結ばれた。本当に深い信頼関係が幽明を越えてそこにあったのでしょう。

8月24日（金）

「金足農」に続け！
農協青年部、ソフトボール大会

福岡市農協ＪＡ青年部のソフトボール大会。今日も暑くなりそう、それを押して今年は49回目という伝統ある大会です。

ＴＰＰ、ＥＵ通商協定、災害多発、農協改革、後継者不足等々、農政には様々課題が山積していますが、まずは現役の青年たちが頑張らなければなりません。私からもしっかり檄を飛ばしたものですが、折しも甲子園の「金足農業高校」の活躍、また前日アジア大会（ジャカルタ）では、日本女子がソフトボール金メダルの5連覇を達成したことも、景気づけに取り上げておきました。

8月26日（日）

麻生派、「安倍」支持を決定、
自民党総裁選始まる

いよいよ自民党総裁選が始まりました。石破茂元幹事長に続いて安倍晋三首相も正式に出馬表明され、9月7日告示、20日投票という短期決戦となりました。政策論争中心に、活発な選挙戦こそが明日の日本を創る最大のモチベーションになるものです。

属する政策集団「志公会」（麻生派）は緊急総会を開き、麻生会長が正式に「安倍支持」を提案、全会一致で決定。全館揺する「頑張ろうコール」を三唱して必勝態勢を締めました。

8月28日（火）

水城《みずき》堤防に掛かる、
朝鮮半島の歴史と日本（その1）

福岡県の大野城市と太宰府市に誇るべき国特別遺跡「水城」堤防がある。読んで字のごとく、水で国を守り、水（水害）から地域を守るための壮大な施設、堤防（城）である。西暦664年に出来たとされる（「日本書記」）。

往時、朝鮮半島は戦乱が続いており、北部の覇者「新羅《しらぎ》」は、宿敵「高句麗」を平定したあと「唐」（中国）と結んで南端「百済《くだら》」に襲いかかった。わが大和《やまと》（日本）は、交流の深い百済を加勢すべく参戦したが、遂に地の利は味方せず大敗を喫した、世に言う「白村江《はくすきのへ》の戦い」である（663年）。

逃げ帰った大和は、新羅・唐からの反撃を恐れ、防衛態勢の整備こそ急いだ。百済の職人、職工の土木技術を借りながら突貫工事となり、長さ1200メートル、幅50メートル、高さ30メートルの壮大な堤防を実に数年で築き上げた。

博多湾から万一、新羅・唐軍が侵入しても奥地の「大宰府政庁」はこの堤防で守り抜くとの大和朝廷の決意でもあった。

遂に、唐・新羅軍は大和を襲うことはなかったが、この壮大な水城堤防は、国の安全保障の重要性を今に伝えています。

8月29日（水）

水城堤防に掛かる、民話と涙（その2）

その大工事が進む中、密かに吉三、平太という名前に身を隠した百済渡来の父子がいた。河川（御笠川？）堤防工事に黙々と身を捧げていた。気の荒い村人にはよそ者、下賤として虐めるものもいたし、村長《むらおさ》をはじめ優しいことばを掛ける者もいた。工事が概ね完了した時、水害が発生した。工事箇所は無残に破壊され、遂に村長は工事失敗のかどで役所に捕縛された。修理回復工事を急かされる中、吉三が「同じ工事では駄目だ、堤はまた壊れる。水を逃がすための『木樋』が必要だ」と提案、新しい工法によって堤防は見違えるように復活した。

村長はもちろん釈放、吉三、平太父子は郡長から特別の表彰を受けることとなった。この箇所は今や「父子《てこ》島」と呼ばれることもある。

「お前たちは国を捨てて来たのだろう」との放言に、息子の平太が「俺たちは祖国を愛している。しかしもう帰る祖国は滅びて無くなったのだ」と小躯を震わして泣いた。この演劇の圧巻であった……。

（大野城市劇団「迷子座」〈父子嶋異聞〉公演録。

8月29日（水）

「スマートインター生みの親」とは、
「渡辺具能《ともよし》議員」

自民党本部「道路調査会」、国土交通省道路局の予算審査。国の道路予算全体を扱う、自民党の中でも最も強力な組織のひとつである。

私はまず、「昨年夏の九州北部豪雨においては、河川と道路と災害に対しては極めて迅速に対応してくれて、地元は本当に助けられた」と心からお礼を言った。更に、「災害は場所を選ばずやって来る、今後とも気を引き締めてお願いしたい」と続けた。

その上で、議題のひとつ、「スマートインター」に言及した。スマートインターとは、高速道路のインター（出入り口）のひとつ、実は昔は大型、本格的なインターしか無かった、ところが普通自動車などが乗り降り出来る簡易型のインターがあってもいいではないか、との提案が出た。大議論の末、遂に大型や中型をのぞく自動車専用、無人にするためETC使用のみ、という簡易型インターが制度化した。

これが「スマートインター」であって、今や全国で100カ所以上、どれだけ多くの利用者と、省エネ、環境対策、利便性改善に役に立っているか。その普及はますます増えている。

私は続けた、「若い議員はもう知らないだろうが、10年くらい前、運輸省出身の『渡辺具能』という先輩議員がいた。渡辺議員がこの簡便インターのことを一生懸命訴えていた。最初は誰も相手にしなかった。私らもいやいや手伝わされた。そして、遂にその熱心さで自民党により予算化された……」。

私は畏友渡辺具能君こそ「スマートインターの父」と呼んで憚らない。その第1号は、彼の地元福岡県宗像市須恵インターにて、今大いに賑わっている。

8月31日（金）

「米中新冷戦」

米朝非核化交渉が進まない。米国務長官が北朝鮮に行こうとしたが行くのを止めた。米国はやめたはずの米韓合同軍事演習を復活すると警告もする。北朝鮮は、「6・12のトランプ・金正恩、首脳会談」の後でも、結局何も変わらない。

トランプ大統領は「北朝鮮のうらで中国が糸引いて、北朝鮮の非核化を邪魔している。中国は北朝鮮の経済支援を続けている」と中国への不信と貿易戦争の恨みをツイッターでぶつけた。いつも私は言うが、この御仁はなんと素直で分かりやすい人か。北朝鮮は中国そのものであって、中国に何を望もうとしているのか。中国はきっと困った顔をして、心では嗤《わら》っているだろう。

習近平氏の「中国3000年の戦略」とトランプ氏のツイッター外交とでは勝負にならない、しからば、日本が、各国が、その狭間で自国だけは守り抜けるような戦略を確立しておくことが必須なのだ。

私は『米中「新冷戦」、中国の脅威に真剣に備えよ。』として近々本を出す、日頃の言動をまとめただけであるが、諸賢のご意見も頂きたいと思う。

9月1日（土）

児童擁護施設の子ども達、ご馳走で腹一杯

児童擁護施設の子ども達、本当に腹一杯ご馳走を頂いたでしょうか。恒例のイベントで、「博多食文化の会」（メゾンドヨシダさんら）の皆様が毎年、この子らに最高の食事やもてなしをしてくれます、27回目、今年も200人以上の子ども達が呼ばれました。

私も長い間関わっていますが、この子ども達の喜びよう、大方は親がいなくて家庭の味を知らない子ども達にとってどんなにか嬉しいことか、また運営者が物心どんなに苦労されているか、改めて感じ入ります。

大マグロの「解体ショウ」に始まり、寿司の握りはもとより天ぷら、焼き鳥、カレー、洋食、中華……、ケーキにアイスにジュースと選り取り見どり、私らも相伴に預かり、遂には食べ過ぎて夕食を抜く破目に。

この子らに幸あれ、と祈らずにはおられません。

（小川洋県知事も毎年の応援者です。）

9月3日（月）

安倍首相、総裁選挙激励会

安倍首相（総裁候補予定者）の選対本部設立、激励会が都内のホテルで行われた。選対本部長には参議院の橋本聖子氏、続いて麻生太郎氏ら推薦派閥の代表から応援演説が行われた。最後に安倍氏本人が内政外交の実績を踏まえて、あと3年間で全ての課題を仕上げたいとの力の入った決意表明があった。

9月7日告示、20日投票となり、新しい時代が始まる。

9月3日（月）

「麻生節」炸裂。安倍首相支援、福岡県大会

安倍首相支援の福岡県大会が自民党県連主催で行われた。折から吹き荒れる「台風21号」のため候補

者たる安倍氏自身は出席されなかった。麻生太郎氏がその代理役で講演、2500人と言われた出席者も、現下の政治、経済、国際関係に思いを致し、かつ本格的な「麻生節」を堪能されたものと思われる。福岡県自民党は、安倍圧勝を目指しています。

夕刻、いきなりケータイが鳴り、「福岡県大会に欠席して申し訳ない、選挙は何卒よろしく」と安倍氏の直々の挨拶があった。選挙にかける真剣さと気配りの丁寧さには1人驚いたものです。

9月6日(木)

北海道、大地震。全道、停電

一体、わが天地はどうなっているのか。早朝テレビをつけて、瞬間、「台風21号」災害と思いきや、何と北海道の震度6強の地震という。北海道厚真《あつま》町中心に大地震となり、国は今、人命救助とその被害把握に懸命である。山々の土砂崩れがひどい。

電力被害が深刻である。この地域に留まらず、北海道全域が停電したが、これは普通考えられない。「苫東《とまとう》厚真火力発電所」が大破したこと、北海道の送電システムがそのようになっていたこと、と説明されている……。

9月7日（金）

「女性医師」と「就活規制」君はどう考える!?　男女平等と医科大学入試

医科大学入試にさまざまな問題が指摘される。文部科学省高官の犯罪事件はもとより論外である。世の中が男性医師（特に外科系など）をより多く求めているのも本当らしい。しかし受験の裏で男女の成績を加点したり減点したりは良いことではない。将来を目指す若者の精神性を最も傷つけるもので、その残酷さは想像を越える。

私の意見、各大学入試にははっきりと、例えば「男子100名、女子80名」と定員を明示することです。もちろん男女平等の議論は残るが、それは決して憲法論、法律論にまで発展しない、十分に社会的論理を説明すれば世の中は納得するものです。

9月8日（土）

総裁選、本格始動

自民党総裁選は9月7日告示でしたが、関西地域台風災害や北海道地震などへの配慮で事実上日延べになり、9月10日、党本部にて候補者の出馬表明演説会が行われた。安倍晋三候補が絶対優勢の中、石破茂候補も立派な演説を行った。

これに先立ち、各陣営は候補者出陣式（送り出し）を行った。

9月11日（火）

ジョージタウン大学研修生、壮行会

米名門「ジョージタウン大学」（ワシントンＤＣ）への短期研修生の壮行会が行われた。このプログラムは米アムウェイ社と英字紙ジャパンタイムズ社が共催しており、特に政治、ジャーナリズムの観点から日米交流への若い人材を育てようとの趣旨、私も

古賀三春君（左）、ジョージタウン大学学長（中央）と記念写真

ほぼ毎年来賓で呼ばれています。

今年は私の地元秘書古賀三春《みつはる》君も選抜されたので、私も特段に力が入りました。河野太郎外務大臣も本学卒業生で、楽しい応援スピーチをされた。

女性学長、古賀君と記念写真。　9月11日（火）

農水大臣と面会、陳情

朝倉地区の農協、農政連の役員が斎藤健農林水産大臣に面会しました。

昨年の朝倉、東峰村豪雨災害では政府挙げて支援を受けましたが、とりわけ大被害を被った農業、果樹に向けての農水行政の役割は大きかった。農政連草場委員長、農協竹永副組合長は大臣に対して、まず今日までのご支援ご指導に謝辞を行なったうえで、復旧、復興事業のその後の円滑な実行に向けて、強くお願いをした。

これに先駆けて、国会事務所では私と皆さんで、具体的課題について懇談しました。　9月12日（水）

安倍総裁、3選目指して

自民党総裁選も中盤となった。安倍晋三氏（総裁）の支援に向けて福岡5区地区地元で急遽、決起大会を企画、国会からは山東昭子参議院議員を招いて特別講演を頂いた。

山東氏は、元参議院副議長、科技庁長官、現在麻生派会長代行で、私とも長年の友人です。国の内外、喫緊の課題について興味深く聴き入った。

決起大会の最後には、議員団挙げて「頑張ろうコール」で盛り上げた。　9月14日（金）

畏《おそ》るべし、少年達の叫び

「少年の主張福岡県大会」に参加して中学生たちの主張をつぶさに聴きました。全県の予選を経た16人でしたが、なんと清らかで、はきはきと、自分の言葉で、そして常に毎日の生活をしっかり踏まえています。

家庭の不和、兄弟の障害、選挙への関心、ネパール人との交流などテーマは多岐に及びます。自らの摂食障害、生まれつきの卵アレルギーで苦しんでいるが周りの協力と気遣いで随分良くなってきたこと、何より食物がこんなに大切なものと分かり、今のフードロス（食物廃棄）をやめさせなければ……。ダウン症で生まれてきた弟が、父母の愛情で今やわが家では太陽のように、大きな夢と明るさの中心に……、涙なくして聞けないものでした。

子どもながら家庭生活に苦労していることが、真っ直ぐで強い性格を育てる傾向にあります。病

気で家庭が悩んでいるケースでは、将来看護士になると毅然と言う女子が４人いました。中学生とはいえ実にきちっと個性が育ち、表現力など大人も大いに学ぶべきものを持っていました。

論語に「後生、畏《おそ》るべし」という言葉があります。若い世代が着実に育っているという戒めです。

9月14日（金）

「受けた恩は、石に刻む」心に残る言葉

「縣情水流、受恩刻石」（掛けた情けは水に流し、受けた恩は石に刻む）。

大意、人間関係において、人を世話した時はお礼や見返りなどを期待せずに直ぐに忘れる。人に恩を受けた時は、石に刻んでも、それを忘れず末代まで伝え

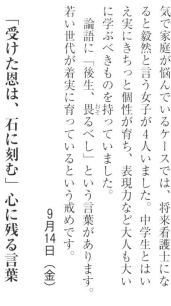

る。お釈迦様の教えとして伝えられる。

地元の敬老会で、「高原隆則」那珂川町議会議長が祝辞の一節で発した言葉、高原氏は僧籍にもあり、一層の重みを与えました。

9月15日（土）

災害時、行方不明者の氏名公表

全国、大災害が続いていますが、災害最中の死亡者、行方不明者の名前を迅速に公表すべきか。北海道の大地震地域でも議論になっており、厚真町だけ公表、その他市町村は原則非公表との報道。国の方針は、基本的に自治体の判断に任せるとなっており、結局「個人情報」をどこまで守るかということにも関わってくる。

昨年の朝倉市、東峰村豪雨災害で直接に関わった経験から。ごった返す災害対策本部、自衛隊詰所の黒板に行方不明者の一枚紙が貼ってあり、偶々知人の名前を見つけた。未だオープンにされてない、公表して多勢で捜したらどうだと思ったが、それは「個人情報」の範囲内だったようだ。

この危機的瞬間に、命の他に何か「個人情報」として秘密を守るべきものはあるのか。私はむしろ積極的に名前を公表して、捜索など住宅周辺の人々の協力を仰いだ方が良いと思うのだが。

9月16日（日）

「さきま淳《あつし》」を沖縄県知事に

今、自民党総裁選と並行して沖縄県知事選が行われており、自民党与党は「さきま淳」候補を応援しています。いうまでもない、この知事選は国の安全保障にも直結する極めて重要なもの、4年前は負けた経緯があるだけに、党本部はもちろん我々

党所属議員も懸命です。
私もなんとか那覇市、旧友たちや企業を訪ね、票の積み増しをお願い致しました。
「頑張れば勝てる」という状況の中で9月30日の投票日に向けて、暑い、熱い、闘いが続きます
9月19日（水）

「トルコ産オリーブ」を日本で育てよう

オリーブはヨーロッパから来た食材ですが、オリーブ油の形で日本でもかなり普及しています。味も香ばしさも日本文化に合う、健康にも美容にも良いというふれこみです。

お誘いもあって、トルコ原産のオリーブを日本各地で生産しようという会合に呼ばれました。場所は東京のトルコ大使館、トルコが国としても力を入れていることを示しています。

式典、パーティでは、私も挨拶に立ち、輸入ばかりでなく、日本で植樹、生産するとなると日本の農業の再生にもなる、合わせて日本・トルコの友好親善にも役に立つと話しました。

9月19日（水）

「安倍晋三氏」、総裁3選

9月20日、自民党総裁選が済んだ。安倍氏勝利は

予想通りだったが、やはり実際の選挙は激しいものであった。石破氏の執念と努力は十分以上に成果を出した。

昨日は安倍氏、石破氏ともに直々、個別の議員室まで投票依頼の挨拶に来られた。今日は昼間、陣営はホテルでの昼食会で縁起物カツカレーを食べ、出陣式となり、そのまま党本部大ホールになだれ込んだ。

議員投票と結果発表は緊張の中で行われた。最後は恒例、候補者安倍氏と石破氏を囲んで総員で万歳三唱。自民党議員としての誇りと責任を最も感じた瞬間であった。

9月20日（木）

横綱白鵬、「前人未到1000勝」で思い出すこと

横綱白鵬が幕内1000勝、横綱800勝という空前の記録を打ち立てた。白鵬といえばもはや他を圧倒して止まない、この9月場所でもまた全勝優勝を重ねた。

思い出すに私は白鵬のことで昔の日記に書いたことがある。10年以上前のこと。

9月21日（金）

皇太子ご夫妻、御来駕

皇太子ご夫妻が福岡に来訪され、私たち国会、県議会の議員団が市内ホテルでお迎えを致しました。お2人はその後朝倉市、東峰村の昨年の豪雨被災地をお見舞いされました。地元の関係者としても本当に有難い幸せです。

いよいよ来年5月には皇太子は天皇に即位され、日本にもまた新しい時代がやって来ます。雅子さまもことのほかお元気そうで、間近でご挨拶しましたが大変嬉しく存じました。

9月26日（水）

裁判所、「伊方原子力発電所」の稼働許可

四国電力は伊方《いかた》原発の再稼働につき、広島高等裁判所に異議申し立てをしていたところ、その申し立

てが認められ再稼働することとなった。四国電力の伊方原発は昨年、広島高裁にて「稼働差し止め」の仮処分が出されていた。

そもそも熊本県の阿蘇山が万が一火山噴火すると、愛媛県の伊方原発に悪影響するという極めて確率の低い事象に対する安全性が市民団体から出されていたもので、私もまさか裁判官も、今回は正常な判断をしてくれようと期待していた。

日本のエネルギー政策上、原子力発電は未だベース電源として絶対に必要なもので、しかしその管理上の安全性については強調し過ぎることはない。エネルギー問題は、今回の北海道大地震によって全道が暫しブラックアウト（大停電）になったなど、いつの時代も決して気を緩めてはならない。

9月26日（水）

オーストラリアからの中高生

オーストラリアからの中高生が国会見学に来まし

た。「国際青少年研修協会」の世話で、毎年多くの青少年を、外国から迎え、日本から派遣しています。この組織は私が会長を務めています。

私は、東京と福岡と往復していることなど、政治家の普段の生活を説明しました。生徒たちが自分の夢や目標を明確に持っていることに気付きました。

激動する国際金融、最先端サミットは今

9月28日（金）

今、国際金融は激動していると言っていい、極めて大きな変革が進んでいます。昔は、国際金融となれば貿易、投資の決済、為替と送金など、国境越えて基本的に通貨金融がベースでしたが、今やインターネット、ＡＩ、ＩＯＴなどの発達と符合して、電子マネーはもとよりフィンテック、仮想通貨（ブロックチェーン、コインチェック等）等々全く新しい技術、概念が入ってきた。追っついていくだけでも苦労します。金融庁、国税庁ら国の金融行政も結構大変そうである。

それら最先端の金融議論の場として、日本経済新聞社、Financial Timesなど主催の「国際金融シンポジウム」が東京丸の内で開かれた。会場も高層ビル5、6個に分散し参加者1万人以上、出展500社以上が4日に亘って意見を交わす。私も予々《かねがね》、関連企業、グループを紹介し、その活動に多少関わってきました。正直言って、時代は遥かに速いスピードで動いており、その激しい金融システムの上に世の中全てが乗っている、目に見えないからといってのんびり出来ない、ということをこの場所に立つと改めて自戒します。

写真は全て、日本、中国、香港、シンガポールからの金融専門家（マフィア?）といわれる人々。

中国吉林省・長春市との医療協力（その1）

9月28日（金）

日本と中国、とりわけ中国吉林省（東北地方）と

の間で、医療協力を中心とした交流組織が発足しました。これは中国の吉林省長春市出身の「邱実《きゅうじつ》」という青年実業家が企画し具体化したもの。邱君は未だ30歳前で、日中両国を股に活動している。この2、3年私の事務所によく顔を出すので、私も特に可愛がって必要な手伝いは惜しまない。国では実家も大きな実業家ということ、日本の高校も出ており、まずバイタリティがある。日本の若者も見習って欲しいと思います。

この組織は両国の医療関係の団体や個人、投資活動家を往来させることにより、例えば医療施設、医薬業界の紹介や建設、またメディカルツアーという患者のケアーなども目指している。

日本は少子高齢化、人口の減少という国家的な課題を超えられないまま、しかし国際的には非常に進んだ医療福祉制度を享受しており、中国はじめ多くの途上国が学びにきているのが実体で、それらにはしっかり対応しなければならないと思います。

9月29日（土）

左端は長春市の副市長、前列中央が著者、その右が邱実さん

中国吉林省との医療協力（その2）

吉林省長春市の副市長らが来訪。中国の著名書家の揮毫を頂きました。「春に頑張れば、秋には大きな収穫がある」。私の右が「邱実君《きゅうじつ》」、左端が副市長。

9月29日（土）

九州大学、伊都キャンパス完成記念

九州大学が実に27年の歳月を掛けて、都心から福岡市西区に全面移転、その完成式典がキャンパス内の大講堂で行われた。生まれ変わった大学として、学問、教育を一層磨き、その成果を内外に発信する、「知の拠点」はまさに福岡一帯を新しい学園都市に作り替えることとなる。

式典後、ノーベル賞学者「大隅良典」博士（福岡市出身）の「50年の研究生活とこれからの科学技術政策」と題した記念講演が行われた。私には本物のノーベル賞学者の講演は初めての経験で、強い感銘を受けました。

9月29日（土）

イタリアの著名彫刻家チェッコ・ボナノッテさん〈Cecco Bonanotte〉

縁あってイタリアの彫刻家チェッコさんとご一緒しました。

チェッコさんはローマのカトリック・ヴァチカン宮殿にもいくつもの彫刻作品を納めておられる著名な彫刻家で、日本とイタリアとの友好にも大きく活動されています。カトリックと　日本の各組織と宗教、宗派を超えた平和文化活動が出来ないかと地道な努力を続けておられます。

9月29日（土）

九州大学と「古河《ふるかわ》財閥」のこと

九州大学が全面移転して、新しく生まれ変わる（伊都キャンパス）。福岡で生まれ育った者として、こんなに誇らしいことはありません。その上で……。

九州大学伊都キャンパス完成式で大隅良典博士の記念講演

明治34年（1901年）、帝国議会を終えた明治天皇の車列に男が飛び出した。羽織はかまの正装、手には「謹奏」の包み紙が。男の名は田中正造、足尾銅山（栃木県）の鉱毒の窮状を訴える、厳罰も覚悟の直訴である。政府は「正気不全」をもって不敬罪は免じた。

足尾銅山の惨状が伝わると世間が沸騰した。後の首相原敬は「古河財閥」に対し社会貢献事業を勧めた。古河側は文部省の指導を受けて建物を建設（福岡市箱崎）、丸ごと国に献納した。かくして開学したのが九州帝国大学、今の九州大学である……（「西日本新聞」10月1日）

私は「古河」という名前に無関係ではありません。私の父親は戦前、若い頃から福岡県筑豊地区、「古河鉱業」という炭鉱に事務職員として勤めていました。親戚も皆同じです。20年あと、炭鉱が閉山して、父が神奈川県に転職（富士通）したのも古河鉱業のお世話によるものです。私の両親は終生、古河とともにあり、いつも「会社のお陰」と言っていました。当然私は生まれた時からこの名前しか知らないくらいでした。

長じて古河財閥と足尾鉱毒事件、そして田中正造翁のことも学びました。それでもなお私はいつも古河のことを身内のように思っていました。

非常に勝手ながら、私は九州大学との縁を更に近く感ずるようになりました。

10月1日（月）

平成30年 Ⅱ 環境大臣として

10月 6 日〜12月31日

「環境大臣」として活動開始。皆様のご指導に心から感謝致します

多くの多くの皆様から心改まるお祝いを頂いております。無上の感激と緊張の中で、長きに亘ってご指導ご支援頂いた、まず地元福岡県の皆様、そして全ての皆様に、心から感謝を申し上げます。かくなる上は、政治家になることを決意した若き日の原点をいささかも忘れることなく、全身全霊で職務に当たる覚悟であります。何分、一層のご指導を伏してお願い致します。

本日5日も朝一番に総理官邸で閣議、続いて東宮（皇太子）御所はじめ各宮家にご挨拶（記帳）回り、本省に戻って会議に次ぐ会議、午後から省内記者会見、朝倉市（市長、議長ら）の来訪、国会秘書との打ち合わせ、医療関係会議へのビデオメッセージ、自民党本部幹事長らへ挨拶、懸賞論文の審査委員会福岡行き飛行機に乗ったのが夜7時30分。

10月6日（土）

地元で初活動、SPとの行動

忙しい国会での週を終えて、3連休の週末は地元に戻りました。1日目（10月6日）は台風のため行事は大方中止、2日目、3日目、天気は回復して、運動会や施設の地鎮祭、文化祭など多くの行事、イベント、護国神社での合同慰霊祭などに出席しました。多くの人々と挨拶、会釈を交わしました。皆様も笑顔で祝って頂き、地元とは本当に有り難

いものだと感謝の気持ちで一杯です。

あちこちで来賓挨拶させてもらうのですが、自分も大臣になったと意識するし、お客も多分そう意識されていると思うと、実は普段と変わらないのですが意識が高ぶり、とちってはいけないと思うと、一層とちったりします。

一番大きな違いは、四六時中同行する「セキュリティ警護（SP）」です。全く経験のなかったことで未だ戸惑いは隠せませんが、「大臣」とはかくも重要な職務であるということを改めて自意識させるもので、彼らの行動が社会とできる限り調和できるような配慮も必要です。

10月8日（月）

福島県、原発被災町、訪問

福島県原発事故からの被災地の現状を視察させて頂きました。安倍内閣は「福島の復興なくして日本の復興はあり得ない」という決意のもと、復興政策の強化、統合を目指しています。事故から7年半、国、地元挙げての復興努力は「未だ道半ば」というのが実情です。

10月9日は同県楢葉町、双葉町、大熊町の3町を訪問、それぞれ町長、議会議長に公式訪問しました。現状認識を相互に交換した上で、今後の復興対策をさらに加速しようとの方向で意見一致しました。その概要をいずれもその場での記者会見で報告しました。福島県内で除染された土壌などを30年後の県外最終処分までの間、安全に保管する場所が「中間貯蔵施設」です。大熊町、双葉町の地元の皆様の御協力に改めて感謝申し上げます。

10月10日（水）

福島県、再訪（その2）

昨日は一旦帰京し、今朝

10日は閣議に出席。午後には東北新幹線で福島県を再訪、富岡町の町長、議長を訪問した。復興に向けての努力に敬意を表するとともに、互いの連絡態勢を良くするよう約束した。広大な「特定廃棄物埋立処分場」と情報広報施設「リプルンふくしま」を視察した。

秋元副大臣、菅家大臣政務官同行。10月10日（水）

新聞紹介記事。学歴問題など

内閣改造では入閣新人が新聞で紹介される。私も遂に漫画入りで各紙が扱ってくれた。

正直、政治家の夢のひとつではあった。綺麗事ではない、激辛い文章、それでも自分の知らない自分のこと、むしろ愛情いっぱい書いてくれた。担当の記者と似顔絵さんに心から感謝したい。

ところでひとつだけ、私には昔、「学歴虚偽」の過去がある。平成16年のこと、文部科学副大臣の1年目。ある新聞社から電話があり、本当に「ボストン・タフツ大学政治外交大学院」を「卒業」したのかという問い合わせ、私は慌てて大学に確認した。

時間を少しかけて来た返事、確かに私は必須科目をひとつ落として、正規には卒業に達してなかった。

卒業間際で帰国準備を急いでいたこと、しかし卒業単位は確信していたこと、帰国してから大学出版の卒業名簿には一貫して「修士号（M）」として明記してあったことなど。私は当然ながら選挙の際の公報には大学院「卒業」と銘打っていたのだ。

虚偽記載が分かった翌日、誰も知られる前に、私は大臣に辞表を申し出た。直ぐに記者会見を開き辞任を発表した。各紙は一斉に「学歴詐称」、「文部科学副大臣辞任」で埋め尽くした。何処かから刑事告訴さえ起こされた。私は不明を恥じつつも、しかし身の潔白は訴えたかった。衆議院「政治倫理審査会」に自ら申し出て、一件顚末を弁明する機会を与えられた。決して「故意」や「悪意」でなかったことを懸命に訴えた……。

かくして、大臣を受けるにあたり、このことを思い出させて頂いた。若き日の過ち、軽率と不注意と、今に汗顔の至りだが、今後の自戒への得難い学びとしていきたい。

10月12日（金）

佐渡ヶ島、トキ野生復帰10周年

「トキ野生復帰10周年」の記念式典に出席のため、新潟県佐渡ヶ島に渡った。

「ニッポニア・ニッポン」という学名を持つ日本を代表する鳥であるトキは、日本では一時野生下で絶滅した。中国とのトキ保護協力で、10年前に2羽を譲り受け、それを起点に今や野生下においても350羽を超えるまでに回復した。

本日は日中交流の10周年を記念して、眞子内親王殿下のご臨席を得て、盛大に記念式典が行われた。私は環境省主催の立場から式辞、表彰者表彰、またレセプション祝辞などを行った。新潟県知事、佐渡ヶ島市長、中国総領事、歌手加藤登紀子さんら出席。事前にトキ生育の現場等を視察しました。

10月14日（日）

福島第一原子力発電所を視察

東京電力福島第一原子力発電所を視察した。事故から7年半が経過し、東京電力はじめ地元、行政関係者の努力により、同発電所への対応には一定の進展は見られるものの、汚染水対策、使用済み燃料プールからの燃料取り出し、燃料デブリの取り出しなど今後の課題は山積しており、更なる英知の結集が必要といわれている。

視察では、実際に半面マスクや防護服等の重装備

を付けて3号機内オペレーションフロアなどに赴き、現場の人々の過酷な苦労の一端を体験した。社員食堂での昼食も頂いた。

　また発電所近傍は「帰還困難区域」となって、未だ多くの住民が多地へ避難されており、改めて被害の大きさを痛感した。除染や中間貯蔵、汚染廃棄物処理、放射性物質のモニタリング等今後とも取り組むべき課題は山積している。

　発電所退出時には機会が与えられたので、職員、関係者一同に対して、「皆様のご労苦に心から敬意を表するとともに、厳しい環境の中でも与えられた任務をしっかり果たして国民の期待に応えて欲しい……」との激励訓示を致しました。　10月19日（金）

国際会議で啓発「循環経済」の理念

10月22日、横浜市での国際会議「世界循環経済フォーラム」（World Circular Economy Forum）に終日出席しました。環境政策の中で「循環経済」(circular economy）という言葉が今最も進んだ概念となってきましたが、これには北欧フィンランドが指導的役割を果たしています。

　地球上で人口と活動量が爆発的に増え続けると、資源も食料も空間環境も限界に達する。資源は枯渇し、廃棄物を処理する場所もなくなる。全ての有限な資源を丁寧に使い、出来る限り有効活用し、循環させる（circulation）ことでこの地球の環境を守り、そこに住まう人類と共存（＝経済）することが出来る。この巨大な「資源の循環」こそが「人と環境を守る」環境政策の究極の目標である、という考え。

　「世界循環経済フォー

ラム」と銘打ったこの国際会議は、わが環境省とフィンランドの公設団体（SITRA）とが共催の形をとっています。

内外から1000人に並ぶ出席者で「環境大臣」としての私の役割も極めて大きい。開会式での演説から、各国との2国間会談、協定の調印、記者会見、最後の懇親のレセプションまで殆ど出ずっぱりですが、本人とすれば国際的仕事に従事しているという充実感で一杯です。懇親会でも多くの人に列をなして挨拶を受け、お互いの健闘を誓いあいました。困ったことがあったら、何でも私に連絡下さいとも応えています。

なお国内では3R（スリーアール）という言葉、Reduce（使う量を減らす）、Reuse（再使用する）、Recycle（他のものに循環する）がすでに定着してきました。私は「循環経済」と全く同じことを目指すものと理解しています。

10月24日（水）

国会、始まる

いよいよ国会が始まりました。何事も初めてです。開会式では、礼服を着て天皇陛下のおことばを聴きました。本会議場では閣僚席から臨みました。参議院本会議場にも出席しました。

安倍総理と麻生財務大臣の政府演説が行われ、来週からは各党との代表質問、予算委員会等に続きます。私も緊張感でいっぱいです。

終日、公務と行事、人の出入りで忙しい日でした。最後は大臣室で環境省記者団と懇親の会が行われました。記者団とは、ある時は緊張して、ある時は協働して、共に環境政策を進めていくことになります。

10月25日（木）

千客万来。そして田中肇君

環境大臣就任以来、有り難いことに大臣室にも多くの人が訪ねてくれます。東京の人も地元福岡の人も千客万来で、私を励ましてくれます。

田中肇君。川崎時代からの同志、同じ柔道場で稽古に励んだ。長い選挙生活、一貫して先頭に立った。青年を組織して外周りを担当した。夜も昼も、時には危ういこともやってくれた。福岡に移ってからも、選挙の都度、大挙して駆けつけた。

そして大病を患った。長い療養生活にある。不自由な生活をしている。それでも私のことをいつも心配してくれる。私の娘が子供を連れて時々訪ねて行くと本当に喜んでくれる。

田中君は大臣室に入るや、泣いた。私も一緒に泣いた。思い出すことは余りにも多い。

10月27日（土）

北海道育ち

「東京沼田会」に参加しました。北海道に「沼田町」という4000人くらいの町がある。私は小学校の3年間、そこで暮らした。父親の勤める炭鉱が盛況で、往時は2万人くらいの人口があった。真冬には零下30度くらいになる、雪は3メートルも積もり、スキーやスケートで野山を駆け回った。私の住地はその後ダム湖に沈んだ。

かくして北海道は私の第2の故郷で、「道産子《どさんこ》」を任ずることにいつも誇りを感ずる。未だ多くの友人を有し、先日の地震の時は案ずる人がたくさんいた。何年かごと「沼田会」に出ると、あの子供の頃にバックする。

10月29日（月）

インドとの環境協力「グリーンファーザー」のこと

インドのスジャン・チノイ大使を環境省に迎えて政策協力を議論した。モディ首相の来日、安倍首相との首脳会談を機にさまざまな環境項目で協議が整い調印をした。気候変動問題や循環経済問題など地球大の問題を議論した。あわせてかの国には下水やし尿処理、浄化槽の普及など健康福祉分野のインフラ協力には今後やるべきことが大いにある。

　日本とインドは「インド太平洋戦略」という大きな外交戦略のもと益々緊密な関係が続く。

　なお、私は最後に「Green Father（緑の父）」のことを持ち出し、相互理解を深めた。1960年代、130億円に上る私財を投じてインド・パンジャブ地方の荒地を見事なユーカリの街道と緑地に替えた日本人で、「杉山龍丸」氏、わが福岡県の人。私は昨年、パンジャブまで足を伸ばして現場を実見してきた。

　日印両国の経済協力のシンボルとしてこの「グリーンファーザー」を一層顕彰しようということで合意した。

10月30日（火）

キルギス共和国外務大臣来訪

　中央アジアのキルギス共和国の外務大臣チンギス・アイダルベコフ氏が訪ねて来たので楽しく懇談した上で、今後の環境面での協力を約しました。

　キルギスは中国とロシアに挟まれた中央アジアの地域で、殆ど唯一、議会民主主義が行われている国、私はすでに10年以上、この国と公私に亘って交流を続けています。もちろん貧しい中にありますが、国民皆が真面目に発展しようと意気込んでおり、ある意味で非常に育て甲斐のある国民です。

　実はこの若い外務大臣、つい先だってまで

日本の大使を務めていた。よく私の事務所に出入りしていたのでとりわけ親しい。ところが2週間前に急に外務大臣に抜擢された。そこで2人ともお互い新人大臣として特段の挨拶となった次第です。

10月30日（火）

衆議院予算委員会、初答弁

衆議院予算委員会。初めての閣僚席でした。都合7時間、緊張を持ち続けることは結構大変でした。午前、午後と2度答弁に立ちました。いずれも答弁時間が少なく、多少不本意な出来でしたが、段々に慣れてくると思います。安倍総理はじめ先輩大臣たちのご苦労を改めて実感します。

今後ともしっかりと対応致します。

11月2日（金）

地元、週末行事続く

政治家にとって週末は特に大事です。地元ではどこでも多くの行事が週末に集中しています。この週末2日間でも15カ所くらい参加しました。会合では日頃のご無沙汰を詫び、近況を報告するのですが、とりわけ今は、大臣就任のご挨拶、さらには地元の皆様のご支援でこそ大臣にまで達したことを忘れないようにします。

環境大臣の仕事も、例えば地球温暖化、気候変動という大きな問題と、海洋プラスチック汚染など身近な問題などを短く説明します。3R、即ちreduce（減らす）、reuse（繰り返し使う）、recycle（リサイクル）なども強調するのですが真剣に聴いて下さいます。「大臣、今は4Rの時代ですよ」、「何ですか」、「rule（ルール）です。規則を守ることです」と教えてくれた方もおられます。「ありがとうございます」。

大臣となると、注目度が大きいだけに、言動は今まで以上に大きな影響を与えているようです。

11月4日（日）

義父への挨拶

私の義父「前田佳都男《かずお》」は参議院（第二委員室）に飾られています。参議院副議長、国務大臣などを歴任しました。入閣の報告に行って参りました。

11月6日（火）

大臣就任、挨拶

福岡県の知事、議長、市町村長、並びに国会議員団との合同朝食会。予算編成時の恒例の行事ですが、挨拶の機会を得て大臣就任と国会活動への決意を述べました。

続いて、自民党本部に移動し政務調査会「環境部会」の初会合、大臣としての挨拶。省庁にとって自民党部会は特に重要で、密接に連動していくことで行政がスムーズに運ばれます。

11月9日（金）

「自民党政務調査会」環境部会で環境大臣として挨拶

激励に駆けつけてくれた通産相時代の同期生たちと

通産省同期生と環境行政の思い出

昭和45年（1970年）、「通産省」に一緒に入った同期生が全員で大臣就任のお祝いに駆けつけてくれました。今や「経産省」（経済産業省）と呼び名も変わり、行政上の役割も変わったかもしれないが、実に何十年前、国のためになろうと若き情熱を燃やした仲間です。

実は、その年、昭和45年、政府に「公害対策本部」というのが出来ました（7月）。高度経済成長の最中で環境悪化、公害問題が深刻となり政府が慌ただしく作ったものです。その秋の臨時国会こそ後に「公害国会」と言われ、実に今日までの環境保護を基礎付ける14もの法律が成立しました。翌年7月に「環境庁」が発足しました。

私はこの歴史的1年を通産省「公害保安局」の新人職員としてずっと関わっていました。特に「公害国会」には余りにも強烈な体験と記憶を有しています。私が環境省に来たことにはいささかの運命を感ずることでもあります。

11月9日（金）

世界の犬たちを救おう

「世界愛犬連盟」の役員の皆さんが挨拶に来られた。合わせて、犬を食用にする国際的動きにストップをかける運動で、約3万人の署名簿も届けられた。環境省は動物愛護、自然生物の保護も重要な職務としています。私は直ちにご意見に賛成し、行政としても全面的に応援することを約束しました。福岡県の大島九州男参議院議員が熱心な応援者で、皆さんを引率されました。

　私は犬が大好きで、自宅では「福《ふく》ちゃん」という愛犬が毎日私の帰りを待っています。このことを話して、この場は大いに盛り上がりました。

11月9日（金）

大学を出て、希望に溢れる新入社員のある日

その病気、「統合失調症」が突然に襲った。精神科を受診すると直ちに隔離病棟に入院。退院、再発を繰り返して、実に10年をかけて、今病気に理解のある会社に勤めている。そもそも病気の意識（病識）がない、服薬の作用で極度に疲れる、自分の将来が見えず絶望する……その間医師、支援スタッフから懸命の手当を受けたが、病気を隠しての生活で後ろめたさが自分を追い詰める、学校と就労の両立は容量を超えて疲労のみ溜まる、……遂に病気を高校の同級生に打ち明けた。「障害者手帳」を貰う決意をした。

　一日病気を告白したら人生観が変わった。ハローワークの障害者枠で明るい職場を得た。医者からは

「寛解《かんかい》」（治療は続けるが事実上治癒）の診断も得た。

今や友人関係も順調で、趣味のテニスも好調、仕事もうまくいっている。医療体制も完備、生活サポートもあり、就労支援で今日がある。

意欲的に働き、希望を持ち諦めない、病気とはうまく付き合う、友人関係を大事にしてこれからの人生をしっかり生きて行く……。佐藤信《まこと》君は明るく力強く発表した。

障害の中で精神障害は最も対策の難しい病気と言われる。多くの患者が苦しんでいる。そしてどの障害者も最後は就労、少しでも仕事をして世の中に役立つこと、これこそ誰よりも願っているという。

今日の精神保健福祉講演会（大野城市）は感動の拍手で包まれていた。

11月10日（土）

福岡市長選、「高島宗一郎」事務所を激励

福岡市長選が大詰めです。現職「高島宗一郎」候補は多少優勢と言われていますが、いかなる選挙でも少しの緩みが命取りになります。

選対事務所の皆さんには、最後の最後まで決して緩まないよう、特段の檄を飛ばして来ました。

11月11日（日）

太宰府市の「政庁跡」、開発50周年

7、8世紀、菅原道真公の時代には、この地に大規模な「政庁」（地方政府）が置かれていました。その跡地、遺跡については、100年近く前に「特別史跡」として指定され様々の理論的仮説は立てられていましたが、

１９６８年（昭和43年）になって、それらあを実証するための本格的地下掘削が始まり、今日ここにその「50周年記念式典」が行われました。
太宰府は政庁跡を始め多くの歴史遺跡に恵まれており、それらをより正しく維持、開発、顕彰していくには、一層の積極的取り組みが必要です。当然に国県市の関わりは大きく、またそれらを包み込む自然環境を守っていくためには環境省の役割も大きい、と挨拶しました。

11月12日（月）

「反ヘイトスピーチ運動」表彰式

韓国では反ヘイトスピーチ運動が社会的に大変に重要な役割で、その中心に「善プル運動」(Sunfull) が活動しています。その主宰者ミン・ピョンチョル教授と長い付き合いで、私はこの「善プル運動日本代表」になっています。
この10月11日、韓国ソウルでは善プル運動主催の「反ヘイトスピーチ運動国際表彰式」第１回記念大会が行われました。日本からはネット企業「グリー」社の「小木曽健」氏（インターネット活用ルール担当）と川崎市市民運動「反ヘイトスピーチネットワーク」が表彰されました。私は公務で行けず、高田秘書が挨拶を代読してきました。

11月12日（月）

衆議院環境委員会、「所信表明」

今日は衆議院環境委員会で「所信表明」を行い、次の委員会から本格論戦が始まります。各省大臣は国会会期の冒頭に、担当委員会で就任のあいさつと「所信表明」を読みあげますが（これは「店開き」とも俗称されます）、各省庁にとって

は今後の政策の要点を正式に発表するもので、大変に緊張するものです。

11月14日（水）

私の原点、「川崎青年会議所」

大勢の仲間たちが川崎市から駆けつけてくれました。小宮邦夫君ら川崎青年会議所（ＪＣ）時代の同志です。

私は昭和から平成初期まで川崎市に住み、ここで政治への道を目指しました。ＪＣとは、40歳までの若い人々の集まりで、私は（旧）通産省の役人をしながら、このＪＣで川崎市の地域事情、人々の生活、問題点などを学び、また多くの友人達と出会いました。昭和61年の最初の衆議院選挙は、大方、川崎ＪＣの仲間たちで闘ったことになります。結果はもちろん駄目でしたが、以後彼らに支えられ、平成5、6年、福岡県に移ってからも欠かさず交流続けています。

「原点」という言葉があるのなら、私の原点は紛れもなく「川崎ＪＣ」です。お互い歳は重ねましたが、飲んで歌って暴れたあの時代にすぐ戻ります。

11月14日（水）

万感迫る、横須賀地区女性部来たる

旧神奈川県選挙区時代、激戦区横須賀市を支えてくれたのが後援会女性部「さわやか婦人隊」でした。厳しい中で本当に頑張って頂き、その活躍は内外で評判になったものです。

その後もずっと交流を続けてきましたが、今回鍵本美代子さんはじめその代表者たちが大臣室までお祝いに駆けつけてくれました。往年（平成5、6

年頃まで)、私を母とも姉ともとして引っ張ってくれた人たちで、お互い歳は重ねましたが、本当に万感こみ上げるものを感じました。
(旧選挙区時代は、川崎市、横須賀市、鎌倉市という極めて広い範囲での選挙でした。5人区。横須賀市では、その後首相になった「小泉純一郎氏」など強豪達と争っていました。倉島秘書が一手に担当していました。)

11月15日(木)

勲章及び褒章の授与

秋には「文化の日」を迎えて様々な国家表彰が行われますが、環境省にて叙勲と褒章の「伝達式」が行われ、大臣としてそれぞれ受章者に勲記を授与しました。受章者はこの後、皇居に参内されます。
大臣にはこれら儀典、儀式も重要な役務であります。

11月15日(木)

友、遠くより来たる

溝口島根県知事らの来訪を受けました。島根県には原子力発電所もあり、国のエネルギー政策と協働するには、県民の皆さんのご苦労も大変なものがあります。私も今は「原子力防災の担当大臣」としてしっかり対応していかなければなりません。

実は、その「溝口善兵衛」県知事は、昭和39年、大学1、2年生時代（東大教養学部）ではずっと同じクラスにいました。体は小さいが動きが機敏、何処でも人気者で、（古典的な名前が珍しいか、）皆んな「ゼンベー、ゼンベー」と呼び捨てにしていました。

卒業後は（旧）大蔵省に入り頑張っていましたが、いつの間にか知事になっていた。私とは官僚時代もまた知事になってからも、ずっと行き来していましたが、会うとつい「おい、ゼンベー」と呼ぶくせは治りません。古き良き友「ゼンベー君」が頑張っているのは嬉しい限りです。

（追記、その頃の大学生は、殆ど全員が「サユリスト」（吉永小百合ファン）でした。）（写真は知事、県議会議長とともに）

11月16日（金）

「新宿御苑」、菊花展訪問

新宿御苑で恒例の菊花展が行われており、多くの外国人が鑑賞に訪れています。日本人のほか多くの外国人が来ています。実はこの新宿御苑は法的には「国民公園」と位置付けられ、環境省の所管となっている、いわば大臣の私が地主というわけです。

素晴らしい自然環境の中で、整備された芝生はど

こまでも広く、息を呑むような菊花の芸術が繰り広がります。これが新宿という都市喧騒のど真ん中にあるなど、高層ビルディングの突先が遠く近くに見えなければ、到底信じることは出来ません。
これだけの施設と展示物は日本の、また日本人の掛け替えのない資産、宝物です。それを目一杯有効活用し、内外、多くの人々に見て頂くことが何より大切です。今日の訪問は、一方でこの御苑をさらに多くの人々が有効活用する方策を探すことも目的としています。一般への公開時間はそれでいいのか、類いの意見もいくつも出てきています。

11月16日（金）

高島氏、福岡市長選3選

「高島宗一郎氏」が福岡市長選で3選しました。2期8年、財政、民政、都市化、国際化など多くの経済指標で実績を挙げており当選は確実視されていました。

当選万歳には麻生太郎氏（財務大臣）らとともに参加、麻生氏の力強い激励と高島氏本人の固い決意表明とで、3期目には改めて強い期待を持たせます。

11月19日（月）

柔道連盟山下会長来訪

全日本柔道連盟（「全柔連」）の「山下泰裕会長」がご挨拶と相談事で来訪された。山下さんは「宗岡正二さん」（新日鉄住金会長）の後を受け「全柔連会長」として頑張っておられる。柔道界も一時の混乱を乗り越えて今非常に良い状況にあり、国際大会でも日本はかつてなく好調です。山下さんは往年の大選手で、その戦績や名声では不世出の人といわれています。

私とは、本当に長い付き合いでこれも柔道の執り持つ縁、私が選挙に出始めた昭和時代にも、選挙の応援に駆けつけてくれたことがあります。爾来折に触れて行き来していますが、その真面目で真っ直ぐな性格ゆえに、誰にも厚い信頼を受けています。

国際的にも極めて有名で、結果的には政治、外交の舞台でも有名で、例えばロシアのプーチン大統領などとも柔道繋がりで非常に親しく、現下の難しい日露外交などでも大きな役割を果たしてこられたと思っています。来年とオリンピックの再来年と、日本柔道のために懸命に頑張っておられることが熱く伝わってきました。

11月21日（水）

国会答弁に緊張

衆議院「環境委員会」での答弁がありました。過去、政務次官（旧厚生省）、副大臣（文部科学省）などでは何度も答弁しましたが、大臣答弁となるとやはり緊張感が違います。その行政分野としては、最終の責任を問うものであって、言い間違いなどは決して許されません。実際の質疑応答では、事務当局が事前に詳しい情報を議員から聴取しており、また対応する回答要領も十分に用意していますので、順当に行けば大局を間違うことはありません。

国会質疑とは本来、行政の「透明化」、「情報開示」のために非常に重要なものです。議員の側も本当に聞きたいことは事前に詳しく伝え（「質問通告」）、役所の側もそれを十分に準備して大臣らが答弁することで、国民の側も行政の中身をより正確に知ることができます。通告せずにいきなり質問して審議が混乱することもあります（＝「爆弾質問」）が、これは例外的なケースといえます。

いずれにしても、国会における大臣の責任は非常に大きいものがあります。

11月21日（水）

「新嘗祭《にいなめさい》」への出席

11月23日夕刻、皇室最大行事のひとつ、皇居での「新嘗祭」に出席しました。秋の収穫を天皇陛下が国民と共に天に感謝する（「収穫祭」）という古代からの伝統行事で、わが国がいかに稲作（農業）を中心として成り立っているかを思わせる、暗闇と寒さの中、余りに厳かな儀式でした。

来年の秋は、新天皇司祭の「大嘗祭《だいじょうさい》」が行われます。

11月24日（土）

羽田発、朝1番機

羽田発、朝1番機から見下ろす南アルプス。連山には神々しいばかり、朝日が照り返しています。今日も良いことありそうな。

11月24日（土）

筑紫野市長「藤田陽三氏」、3選へ

「藤田陽三氏」の3選に向けた選挙は年明け1月、その事務所開きが行われた。藤田氏の2期8年の実績は目覚ましく、市庁舎の建設、高尾川・鷺田川改修など多くの困難な事業を解決した。対立候補は見えないが、最後まで気を抜かずに頑張ろう。

11月25日（日）

障害児コンサート、成長の跡

地元筑紫野市で活動する音楽団「ピュアハート」(Pure Heart) は今や年に40、50回も演奏活動しています。ダウン症や知的障害の子供達ですが、演奏水準も非常に高くなっており、全国各地で、例えば東北の津波被災地でも演奏旅行を行い多くの人々に感銘を与えました。

「國友美枝子」先生の涙ぐましい指導と「筑紫建設コンサルタンツ協会」など多くの奇特な支援団体の支えで頑張っており、きたる東京オリンピック、パラリンピックにも参加したいという大きな夢を持っています。

11月25日（日）

大相撲九州場所、打ち上げ

大相撲九州場所千秋楽。「田子ノ浦部屋」の打ち上げが行われました。大関高安は惜しくも準優勝、横綱稀勢の里は途中休場と、いささか不本意な場所ではあったが、しかし来年こそは頑張ろうと大いに盛り上がりました。私は神仏の話を引き、苦しいとき、辛いとき、目に見えないものに祈ることの大切さを訴えました。

また「大阪万博」が決まったこと、「夢輝く未来社会!!」というスローガンで日本人がさらに前進することを伝えました。

11月26日（月）

環境関係団体との意見交換

「国連環境会議（COP24）」を来月に控え、今日は環境関係団体から意見聴取しました。

気候変動、パリ協定の実施指針、脱炭素社会、石炭火力発電所、海洋プラスティック汚染問題など政策課題は山積しており、広く国民各層から率直な意見や要望を窺い、それらを実際の政策に役立てます。

COP会議には私が国の代表として出席します。
（於いて環境省会議室）

11月28日（水）

高校生から金融教育を推進する

日本は国民の中に国際金融の認識が薄いと言われ、それが日本の将来を不安にさせている。現実に東京も、シンガポールや香港、ドバイなどから国際金融センターの地位を奪われつつある。

「高校生金融教育活動」は金融、国際金融、国際政治の基礎を高校生の時代から教えようとするもので、これらの問題に専門化した競争試験などを全国で実施しており、これを全国銀行協会や各地の銀行、信金などの金融機関が応援しています。

私も早くからこの活動に関与しており、今日はその役員さんたちが大臣室に挨拶に来られました。テレビで有名な「野中ともよ」さんも重要役員です。

11月29日（木）

公明党陳情団続く

大臣となるとほとんど毎日、多くの陳情団が来られます。忙しくはありますが、むしろその機会に国民が何を目指しているか、私は改めて多く学習することが出来ます。

友党公明党は様々、非常にきめ細かい活動をしています。自民党は、公明党と連立（与党）を組んで20年となります。

写真

上・「全国合併処理場推進議連」（斉藤鉄夫公明党幹事長ら）

下・「プラスティック問題対策議連」（江田康幸代議士ら）

11月29日（木）

「医療の未来」勉強会

大臣に就任して初めて「日本の医療と医薬品の未来を考える会」の例会に出席しました。立ち上げて3年余、毎月1~2回の活動を続けており、「高度医療」や「ストレステスト」など多くの医療課題を掘り下げました。また今日は「日中医療協力」がテーマで、3分の1くらいは中国人の医療関係者です。講演録は翌月の月刊医療専門誌「集中」(尾尻佳津典編集)に掲載されています。

講演後、私を祝って記念の集合写真を撮って下さいました。

11月29日(木)

「壇蜜《だんみつ》」さん、省エネ住宅の宣伝塔

女優の壇蜜さんはこの1年、環境大臣任命の「省エネルギー住宅推進大使」として、再生エネルギーを多用した省エネルギー住宅建設の普及を担当してきました。

情報を発信、宣伝するなど、非常に重要な環境活

動で、今回は「大臣と大使との環境対話」と銘打った目玉イベントに多くのプレス（記者）が駆けつけてくれました。私は、壇蜜さんを売れっ子女優と名前は知っていましたが、美人で頭も良さそうで、受け応えもしっかりしていました。最近の中央官庁の広報も中々の洒落たソフト路線を追求するものです。

11月30日（金）

参議院「環境委員会」で答弁

参議院「環境委員会」で答弁。国会の担当委員会での質疑と答弁は、大臣として最も大切な仕事のひとつです。国会での答弁は、そのまま「主権者」、「国民」への答弁とみなされます。

普通は事務方（官僚）と分担しながら対応しますが、最終責任はもちろん大臣が負います。言葉使いひとつひとつに気をつけなければなりません。

12月1日（土）

日本獣医師会70周年記念式典

日本獣医師会の創立70周年記念式典に出席し、環境大臣の祝辞と表彰状授与を致しました。

獣医師会と環境省は動物愛護の観点から密接に関係しています。この全国組織の会長は「蔵内勇夫氏」、来賓には日本医師会会長「横倉義武氏」が壇上におられたので、私はつい「このお2人は同じ福岡県出身で、地元で大変にお世話になってお

ります」とアドリブを入れたところ、大きな会場が一瞬どよめいたものです。

12月4日（火）

国会答弁

衆議院「環境委員会」での答弁、3時間。準備できた答弁は概ね消化していますが、各党には全く新しい視点の意見や質疑もあり、学ぶところ非常に大です。今日は、野党女性議員とプラスティック「レジ袋」の質疑があり、委員会終了後、議員のマイバッグを記念にプレゼントされました。

12月4日（火）

環境大臣、表彰式

この1年、環境対策に顕著な功績のあった企業や個人への表彰式があり、そのひとりひとりに表彰状を手渡しました。都合50人近くに手渡すには多少疲れましたが、皆様の真剣な表情には胸打たれるものがあります。

12月5日（水）

ノーベル平和賞のＩＣＡＮ代表

昨年ノーベル平和賞を受けた「ＩＣＡＮ（核兵器廃絶国際キャンペーン）」の代表「サーロー節子さん」（86）が挨拶に来られた。多少の路線の違い

はありますが、お互い世界平和のために力を合わせて頑張ろうと一致しました。
サーローさんは広島で被爆し、今はカナダ在住、高齢を押して平和活動を続けておられます。引率者は旧友で、ICAN日本代表の川崎哲さん。朝日新聞社。

12月5日（水）

修学旅行、国会見学

地元の中学校2年生、修学旅行で国会見学に。元気な中学生に国会のことを勉強してもらうのは嬉しいことです。まず私が簡単に国会の仕組み、議員や大臣の毎日の行動を伝えて、「皆もしっかり勉強して、立派な国際人になって下さい」と結びました。最後は、地べたに座って記念写真。

12月6日（木）

官邸での関係閣僚会議

総理官邸では多くの会議が行われ、閣僚としては思ったより忙しいのが現状です。「閣議」こそ最も大事な仕事ですが、そのほかさまざまな国政事項について「閣僚会議」が行われます。
官邸の2階、場所は閣議室の隣の部屋くらいでしょうか。安倍総理か菅官房長官かが主宰されます。いつも緊張して臨みます。

12月6日（木）

筑紫野市、市庁舎落成式

筑紫野市の市庁舎が新築落成しました。旧庁舎では80余年、この明るくて大きな市庁舎では益々市民への行政サービスは良くなるでしょう。「さあ、仏様は出来上がった、あとはどう魂を入れるか、市長や議会、職員の責任は重い」という言葉で、私は祝辞を終えました。

12月8日（土）

官邸での関係閣僚会議

至福の瞬間《しゅんかん》、愛犬と

愛息ともいうべき愛犬「福ちゃん」と暫しの交流です。私は地元に戻ると、まず福ちゃんに会えるのが一番の楽しみです。福ちゃんも同じく待ち望んでいるようで、話しはなくても会えばすぐ気持ちは通じます。

私はなんと「動物愛護法」の主幹大臣ですから、大方の動物は大好きで、人間と動物はきっと仲良くやっていけると信じています。

12月9日（日）

太宰府は大学の街、未来の都市図

太宰府は大学の街、6、7の大学が学園祭を合同でやっています。楠田市長もその中に入って大学と一緒になって、この町を今後どう盛り上げていくか、太宰府独特の歴史と文化と自然を内外に発信することを模索しています。市民にはこの豊かな歴史遺産に気づいていない人もたくさんいます。

私も挨拶に立ち、「近時多くの分野で非常に若い世代が活躍している。将棋の藤井君、卓球の張本君、フィギュアでも水泳でも皆15、16歳が最先端で活躍している。従来の若さの概念が変わってきた。実業界にも大学生で起業し、成功する者も珍しくない。大学生でも自分の専門性を磨き、あるときはどんどん外に飛び出したらどうか。太宰府にはその土壌があると思う……」と檄を飛ばしました。

ついでに環境政策の大事さを述べることは忘れないようにしています。

12月10日（月）

ポーランドの国連気候変動会議（COP24）に向けて、飛行中

今、私はポーランド・カトビツでの国際会議（COP24＝国連気候変動会議）に向けて機中にあります。あと1時間でドイツのフランクフルト空港、その後乗り継いでポーランド・クラコフ空港に着きます。カトビツまで国際線羽田を出てから全部で20時間近くかかることになります。外国に出るといつも地球の大きさを実感します。

全日空の機中は心地よく、食事も美味しく、ゆっくり眠れました。映画も2本観ました。「天才作家の妻、40年目の真実」（スエーデン）、邦画「22年目の告白、私が殺人犯です」。いずれも鋭い作品で、強い感銘を受けました。

現地に着けば超忙しい1週間となります。

12月11日（火）

総会にて演説

COP24（「国連気象変動会議」）は連日活発な活動が行われており、私も日本の閣僚として極めて忙しい時間を過ごしています。様々の閣僚会議、多くの国との個別会談、報道、メディアとの対応、友好関係の個人、グループとの交流など、また何より会議の成り行きについて、最前線の環境省、外務省、

ＣＯＰ24（「国連気象変動会議」）で演説する

経産省の交渉団との内部打ち合わせ……お陰様で毎日元気にこなしています。

12月13日、私は総会において、日本代表としての閣僚演説をしました。英語での演説でしたが、準備も十分しており、一応の出来映えと思いました。わずか５、６分間の出来事でしたが、壇上からの演説では不思議と政治家になったことの万感を振り返っていたような気がしました。

今回のＣＯＰは２０１５年成立、16年施行されたいわゆる「パリ協定」を如何に具体化し、効果あるものにするか、その「実施指針」を決めるものです。

すでに各国は国内の環境政策を独自に進めていますが、更に高い共通の目標を国際的に目指そうというものです。今、気候変動、地球温暖化が深刻に叫ばれ、異常気象による自然災害が世界中で頻発する中で、二酸化炭素など温室効果ガスの削減が不可欠であることについては、最早異論はありません。このＣＯＰ24の役割の大きさは、現地に来てみると想像以上でした。参加国延べ２００以上、参加者は３

万3000人以上ということで、特設施設を含む巨大な本部会場には、朝から夜中まであらゆる国の人々でごった返しています。
会議の決議案を巡って各国の激しい交渉は、会期末（12月15日）の土壇場まで続きます。その中で、私は日本の主張を貫き、かつ地球温暖化を防ぐためにあらゆる努力と指導力を発揮するつもりです。

12月14日（金）

宇宙衛星「いぶき2号」（日本発その1）

COP24総会も最終盤にきています。交渉団もほぼ連日、徹夜に近い状態です。胸突き八丁という雰囲気です。団の努力で曙光は見えてきました。
この総会に向けて日本は、以下2件について特に強調しました。

この10月に日本は環境気象宇宙衛星「いぶき2号」を打ち上げ成功しました。これは先行機「いぶき1号」に続き、その精度や機能の面で世界で抜きん出ており、そこで得たCO_2や諸ガスの捕捉、分析は現在の気候変動の議論では圧倒的に進んでいます。科学的情報の分析、解析が十分でないために排出規制が守れないという理屈や口実を、どの国にも与えない凄さを持っています。
今回私は総会演説を含む全ての場所で「この衛星の情報成果をどこの国にも自由に提供するので、中し出て欲しい」と訴えました。
ジャパン・ハウスではその模型を公開して、解説ビジョンを流し続けました。その上に、小さなミニチュア模型を作ってお土産とし、総会のクリチコ議長（ポーランド）を含め大事そうな国と役員には会談の後全て手渡したところ、皆んな大変喜んで頂きました。（お土産は二十数個持ってきたのですが最後は足りなくなったのが残念でした。）

12月15日（土）

CO_2排出量、4年連続削減（日本発その2）

11月末、環境省は昨年の温室効果ガスの排出量は4年連続（2014〜17）（8・2％）削減されたことを速報値で発表しました。その旨を私は、このCOP総会において公表しました。当然に各国はそれぞれの立場で排出規制は行なっており、その数字はいずれ何らかの統計では出てくるものですが、私は敢えて日本の実績をここで公表することで、各国に刺激を与えることになると思ったのです。

わが国とて、大いなる目標（2030年までに26％削減）からみると、はるかに十分ではありませんが、それでも4年連続して削減していることを公表したことは、この国際会議でも着実な実績と思われていると思います。

12月15日（土）

COP24閉幕。先進国、途上国の一体化

12月15日、COP24（国連気候変動総会）が閉幕しました。終盤には大揉めして、予定に1日半おくれての決着でした。今回の会議の主眼は、「パリ協定」を有効に実行するための「実施指針」を決定することですが、先進国グループと途上国グループとが利害や格差を乗り越えて、今後の環境規制には共通の思想と責任感を持って取り組むことが合意されました。いわゆる「2分論」が解消されたのは極めて珍しいことで、この総会は大きな成果を残したと言えます。

環境政策は今世界中で、いわゆるSDGs（「持続可能な開発目標」）を目指していますが、そのための資金負担も先進国と途上国で協力することが必要です。また近時、Circulating Economy（「循環する経済」）という概念、即ち環境政策と経済成長は循環し助け合う＝環境対策を強化すれば企業も信任が高まり、イノベーションが進み、競争力も高まる、という考えも広まってきました。

この総会では、全ての国がこれからの環境政策に

ついて、大きなものを学びあったと思います。総会を指揮したクリチカ議長（ポーランド環境副大臣）の力量には心からの敬意を払います。深夜になった大会会場には深々と雪が降っていました。（写真は総会風景）

12月17日（月）

日本の精神「武道場」

ポーランドに驚くべき施設がある。日本の武道精神を取り入れ体現した、その名も「武道場」という。ポーランド人の「クチンスキー」なる人物が興し運営している総合武道施設で、空手道場を中心に柔道、剣道の道場を併設する壮大な施設で、同時に数百人が稽古に打ち込める。のみならず大規模かつ清潔な合宿所、トレーニング、食堂、休息所まで備え、その敷地たるや広大かつ緑の大自然に広がっている。

ここポーランドの人里離れたスタラビエス地区は息飲む日本の心と精神で満ちている、さながら一大別天地である。

クチンスキー氏は、空手8段位、工学系の博士号を有し、実業家でもある。施設設立して10年、私とはその前からの知り合いで、まずは日本で（私は柔道）武道家として交流していた。この施設建設についても応援はしていたし、その仕上がり後には、その訪問につき強い招待を受けていた。遂に今日その思いが実現したという次第。実に私はこの施設の「名誉館長」と呼ばれている。

昨日のカトビツから、大雪の降りしきる中、車をぶっ飛ばして2時間、たどり着いた道場ではクチンスキー氏ほか門人たちが揃って出迎えてくれた。抱き合っての旧交に浸る間もなく、広い施設の案内を受けた。帰国の飛行機までの1時間という、超限られた時間であったが、建物ひとつひとつに武道と日本の精神性に対する深い憧憬と帰依を感じて、改めて彼の人間性を確認することとなった。

なお、何度か日本に挨拶にきた愛息は2年前不慮の事故で亡くなっていた。「おい、ブラット、やっと来たよ。お前は何故ここに居ないんだ」と写真に向かって呼びかけた。享年33。

12月18日（火）

環境大臣、日常は……

1　高橋はるみ北海道知事らの陳情。北海道東部は自然遺産の宝庫です。（写真・右）
2　災害対策特別活動の委嘱状を手渡す。
3　今年の豪雨災害等で特別に活躍された方への大臣表彰状の授与。

陳情にみえた高橋はるみ北海道知事らと

12月21日（金）

皇居に夜間照明、一大観光地に

「皇居外苑」に本格的な夜間照明を設置、今までほぼ真っ暗だった夜の外苑が、今後夜景としても楽しめるようになりました。まだ麻生内閣の頃、麻生氏が、折角の皇居なのに夜は真っ暗で勿体ない、明るくならないだろうか、と問題提起されたという。

検討に着手して実に十余年、ようやくここに実現したものです。東京の地元にとっても長い間の悲願でした。専門的な照明技術が駆使されているということです。

12月21日は、その記念すべき点灯式。皇居外苑は「国民公園」として環境省が管理しており、環境大臣の私が主催者挨拶をしました。「遂に来日外国人（インバウンド）は3000万人を超え、オリンピックの2020年には4000万人を超えます。その人々にもきっと素晴らしい夜景を見てもらえるでしょう」。その麻生氏（財務大臣）も来賓挨拶で、昔の経緯を含め、関係者の皆様のご苦労を労われました。
多くの皆様が皇居外苑に夜半にも来られることをお勧め致します。

12月22日（土）

獣医師会役員が年末挨拶に

日本獣医師会（会長蔵内勇夫氏）の役員の皆様が暮れの挨拶に来られた。日本獣医師会は先日「創立70周年」の祝いを迎えられたばかり。環境省も大いに関わりが深い、動物の愛護から環境影響まで、全国各地に「動物愛護センター」の建設も進んでいる。政策的課題はいくつも残っている。ともに協力して頑張ろうということになりました。（蔵内氏は自民

党福岡県連会長も務めています。）

12月22日（土）

君」という。34歳。

父親Sさんとは深い仲で、実に50年近くに遡る。私は大学を出てしばらく東京で定職を探していた。日銭稼ぎに建設労務に就いて謂わゆる「飯場」で寝泊まりしていた。

そこに九州の田舎から出ていた中学卒のS君がいた。荒くればかりの飯場では、私はつい彼の庇護者まがいの関係となり、爾来長い付き合いが始まった。定時制高校に通わせる手伝いをしたり、そのうち自分で夜間大学にも行った。いつしか中学校の教師になって、バリバリの熱血先生にもなった。

遂には神奈川県の女性との結婚式にも呼んでくれた。しっかりした家庭だったので安心した。程なくして長男

天皇陛下、誕生日

12月23日、天皇誕生日。私ども夫妻も皇居祝辞に招待を受けました。天皇として平成最後の誕生日で、かつ85歳になられたのですが、食事宴で拝見する陛下はあくまでもお顔色も良くお元気そうで、本当に長い間、国と国民のために尽くして頂いた万感の思いで一杯でした。最後は山東昭子先生（参議院議員）の発声による「天皇陛下、万歳！」では全館轟くような感謝の声がこだましました。

昨日の陛下の記者会見録はご心情がそのまま表れて、本当に胸打つものであったと思います。

12月23日（日）

「義昭二世！」の結婚式

結婚式に行って来ました。新郎の名前は「S義昭

が生まれた。先生、名前を付けてくれ、と頼みに来たのでモタモタしていたら、先生、もう付けました、そっくり貰いましたという。それが「義昭」になったということらしい。爾来、この義昭君を、私が何するでなし、ただ遠くからいつも見ていたような。でもやはり嬉しいものです、今や立派な会社に勤め、多くの上司、友人たちに囲まれ、何より素敵な伴侶に恵まれて。

パーティでは、「よしあき、よしあき」と仲間たちが呼び捨て合う喧騒の中で、S君との過ぎし半世紀を独り思い出していたものです。12月24日（月）

石炭産業、栄光と哀切と

石炭産業は今受難にある。地球の気候変動、温暖化の議論では石炭がCO_2排出量も排出率も圧倒的に高く、その削減、禁止こそが最も重要な環境対策と言われている。どの国でも、またわが国でも然りである。環境省としても、削減方向で真剣な検討が進んでおり、私の責任もまた大きい。今回の国連環境会議（COP24）でも、実はそれが一番のテーマだったといえる。

COPの会議場一角に主宰国ポーランドの展示室があり、そこに小振りの石炭コーナーがあった。

黒々と光り、掘ったばかりのような石炭の塊がいくつも並び、またそれぞれ光や小技を入れて陳列される、さながら石炭の芸術コーナー。

ところが世界中から来ている多くの環境保護団体が、石炭を讃えるなぞ非常識に過ぎる、と抗議デモをした。対してポーランドの大統領が答えたという、「ポーランドは石炭の国です。このカトビッツ（会議地）も昔ながら石炭と暮らしてきました。国の電力は今8割近く石炭火力で賄われています。石炭の環境汚染は理解しています。この地で国連会議を行うことで、私たちは石炭の歴史に感謝しながら、次の時代（環境対策）に取り組んでいく固い決意を致しました……」。

人類社会の大変革においては、常にこの瞬間が訪れるものです。

12月25日（月）

原子力発電所の視察

愛媛県の「伊方《いかた》原子力発電所」の防災体制を視察しました。原発は国のエネルギー政策上非常に重要な位置付けですが、同時にその安全性の確保には何より厳しい基準が求められます。万が一の事故、不具合に対しても、国には万全の防災対策、避難計画などを整備すべきことが義務付けられています。

伊方地区は愛媛県から九州大分県に細長く伸びた「佐田岬半島」を抱え、原発地点としては特異な場所といわれますが、今回私たちは、原子力発電所、オフサイトセンター（遠隔事務所）、三崎港、福祉施設（放射線防護施設）など関連施設を具さに視察し、合わせて行き帰りバス内から陸路、海路等の避難経路の実情をも把握しました。

全景を上空から捕捉するために、最先端技術のドローン機の実演にも立ち会いました。四国電力 佐伯社長、伊方町高門町長、締めくくりに愛媛県中村県知事とも会見を行い、お互いの業務、使命を確認しあい、かつ今後の連絡、協力をさらに強化することを約しました。

原子力安全の確保には、決して「終わりも、完璧

もない」ことを改めて再確認した現地視察でした。

12月27日（木）

良いお年を（大晦日にあって）

今年も1年、皆様には本当にお世話になりました。お陰様で私も目指した入閣を果たし、漲るような思いで新年を迎えようとしています。公務は環境行政を中心に様々な課題が山積しており、自ら年来の思索を実現していくつもりです。政務の方も年明け早々、統一地方選挙が始まり続いて参議院選挙と、政治家としての力量が試されます。

私たち国民は、5月1日には新天皇の即位、新時代の始まりという稀有な時代に生きており、そのことを誇りと使命感をもって、特別な1年としなければなりません。皆様、良いお年をお迎え下さい。

12月31日（月）

平成31年 環境大臣として Ⅱ

1月1日～4月30日

1月元日、新年のご挨拶と決意

明けましておめでとうございます。新しい年が始まりました。5月1日には新しい御代《みよ》=元号にも入ります。皆様と挙げて新しい門出を祝いましょう。

昨年中は皆様に大変お世話になりました。私も今年はさらに自らを律して頑張ります。

今朝の会合（「実践倫理宏正会」元朝式）でも挨拶に立ち、環境大臣としての決意を述べ、「明日死ぬために今日を務め、永遠に生きるために今日を学べ」という「インド独立の父マハトマ・ガンジー」の言葉を引き、自らへの戒めとしました。

平成31年1月1日（火）

新年祝賀の儀

元日、皇居での新年祝賀の儀に今年も出席致しました。皇居参内は、最も深く今日ある身の幸せを覚え、如何なるご恩にも背いてはならないと堅く決意する瞬間であります。

とりわけ天皇陛下の「……国民の平安を強く望みます」とのおことばは今年が最後ということでさすがに寂しさは禁じ得ません。小さくなられたお後ろ姿をお送りする時は、本当に長い間のお尽くしへの心からの感謝で胸が熱くなりました。

1月1日（火）

伊勢神宮、新年参拝

1月4日は恒例、安倍総理の伊勢神宮参拝に閣僚

として同行しました。伊勢神宮には日本の皇室の祖先たる「天照大御神」が祀られています、実に2000年もの間、日本人は神に祈り、またその神に護られてきました。

総理を先頭にして外宮《げぐう》内宮《ないぐう》とそれぞれの神殿で参拝します、広大に敷き詰められた玉砂利の上をひたすら歩行することで心が洗われる思いです。今年1年の国の発展と国民の安寧をこそ内閣挙げて祈ったことになります。

天気は雲ひとつない青空に恵まれ、寒くもなく、かつ安倍総理を迎えんと群れなす数万（十数万？）の人々の歓声に接することで、本心、今年1年への明るい希望と強い自信とが湧いてきました。

内宮（皇大御神＝天照大御神を祀る）、外宮（豊受大御神＝衣食住の守り神）。それぞれ20年ごとに遷宮を行う、最近では平成25年に挙行。

1月4日（金）

今年も頑張ろう。新年、本部事務所開き

私の福岡本部事務所の年頭の互礼会（事務所開き）を致しました。後援会役員、県市議会議員の皆様など100人超、毎年の地元活動はこの日から始まります。私は大臣入閣を果たしたことへのお礼と昨日の伊勢神宮参拝、今年への抱負、政局への認識などを挨拶、とりわけ今年は地方選挙、参議院選挙、さらには元号変わりという異色の幕開けになったことを強調しました。

時節柄、酒食を慎むという流れが定着してきて、半面、皆様には物足らない印象を与えたかも知れません。

1月6日（日）

おそるべし、囲碁、天才少女現る

正月早々のビッグニュースは囲碁界に9歳の天才少女が現れて、10歳でプロになるという。私は囲碁が一番大好きで、一応「アマ3段」を自認していますが、いい歳の自分が向かっても、けちょんとやられるでしょう。この天才の脳の中は一体どうなっているのか、本当に思うだにワクワクします。

「後生畏《こうせいおそ》るべし」＝若い人間の才能とは怖ろしいほどである、という諺を地で行くように、このところの若者の活動の凄さは、「大人になって1人前」という旧来の常識をはるかに超える。将棋、卓球、ゴルフ、フィギュアスケート、水泳、またAIとかサイバー、SNSの世界では、大学生の起業家も増えているという。ここに遂に囲碁の9歳にまで広がった。

活動舞台が国際化し、またAI（人工知能）など

の技術発展が全く異なる成長環境を作り出したか。またその両親達が例外なく教育熱心であって、然らば結局は教育の効果であるとも言えます。

もはや時代がそうなっており、元号が変わる次の時代では一層それが加速される。素直に喜ぶべきものであって、旧世代の人間は少しでも時代に取り残されないように普段の認知力や努力が必要ということです。

1月7日（月）

東京の経済界、新年会での挨拶

新年早々は東京でも新年会が目白押し。「日本鉄鋼連盟」でも挨拶しました。鉄鋼業は石炭を原燃料として使う最大の業界だけに、地球温暖化対策には石炭の活用を抑え、またそれに代わるべき技術開発の必要性を訴えました。COP24での活動状況を混ぜながら、気候変動対策については、何処に行こうと訴え続けるのが環境大臣の仕事です。

1月7日（月）

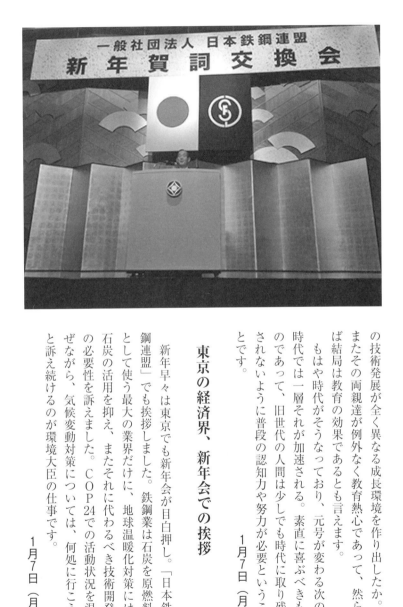

昭和天皇崩御、平成が始まって30年

1月7日、昭和天皇を偲ぶ「昭和天皇30年式年祭」が行われた。本儀は天皇陛下司祭の下、安倍総理ら三権の長は「武蔵野御陵」（八王子市）に参列された。皇居においても同趣旨の副儀が皇太子司祭で行われ、麻生副総理に次いで私ら閣僚も参列した。10年毎という重い儀式で、かくも稀な瞬間に立ち会えた身の幸せを感じました。

思えば昭和天皇の崩御はあの1月7日、平成元年がその翌日から始まった。その日のことははっきり覚えています。儀式中、丸30年の思いが胸を去来しました。

1月8日（火）

新年、職員訓示

世の中も、いよいよ本格的に稼働始めました。環境省では、1月8日、新年の始業を機して大臣訓示

を致しました。「今年1年は6月の『G20サミット』を中心に多くの課題が山積しており、力を合わせて国民の付託と期待に応えよう」、「環境省は多くの仕事を成し遂げているが、そのことをもっと積極的に広報して、国民への理解を進めよう」等々を説示しました。私自身への戒めと思いながら、多くの職員に接しました。（環境省本省と内閣府原子力防災部門、2カ所で訓示。）

1月9日（水）

大阪青年会議所とSDGs環境活動

大阪青年会議所（大阪JC）に招かれて、環境政策について講演し、かつ新年の懇親を深めました。大阪JC、さらには（上部団体の）日本JCは今年、「いわゆるSDGs」（国連の定めた持続可能な開発目標）を中心に運動を進めるということで、これはまさに環境政策の目指す国の行動方針と　軌を一にするもの、私が環境大臣としてその意義を更に詳しく説明する絶好の機会となりました。

大阪ＪＣは１０００人以上の現役会員を数えＯＢ会組織も加えると、そのパワー、影響力は大変なもので、彼らがこの環境運動に参画されれば、我々行政にとってもどれほどの応援になるか、有り難い限りです。この際多くの会員、ＯＢ会員と挨拶して交流を深めました。私には大阪の皆さんとの本格交流は初めてですが、２０２５年「大阪万国博」の決定を受けて地元はいやが上にも盛り上がっていることも実感しました。

実は私も川崎ＪＣのＯＢで、青年会議所運動にはかなり精通しています。私は40歳までの５、６年、川崎ＪＣで活発に活動し、その後に神奈川県から衆議院選挙に出た経緯があります。その時の友人こそ、今でも私の有力な人脈のひとつです。

懇親パーティのあと別室にて、大阪商工会議所副会頭の「鳥居サントリー社副会長」及び大阪ＪＣ「小島理事長」との環境問題に関する３者鼎談に臨みました。雑誌社の企画で、熱っぽい議論が続きました。

1月10日（木）

「ＳＤＧｓ」とは、是非知って欲しい

ＳＤＧｓ＝Sustainable Development Goals（持続的な開発目標）とは、発展途上国の全ての人々が豊かな生活を送るために、国連総会（２０１５年）で決議したもの。貧困、健康、食料、女性、環境、教育、平和など17の大目標とそれを１６９の具体的施策にまとめ、２０３０年までに全てを実現する、とする壮大な国際運動です。環境の維持も重要分野であるために、ＳＤＧｓは環境運動の基本であるとも認識されています。

写真はＳＤＧｓのピン・バッチで、この17色は運動のシンボル・象徴として国際的に普及しつつあります。

1月10日（木）

エネルギー国際会議に出席。中近東、アブダビを往復

1月8日〜12日、アラブ首長国連邦・アブダビでのエネルギー国際会議（IRENA＝「国際再生エネルギー機関」総会）に出席し、2日間の会議をこなしました。環境政策とは、地球温暖化対策のためCO_2など温室効果ガスを強力に抑制することですが、それには省エネルギーを進め、再生エネルギーを増やす、エネルギー政策とほぼ裏腹の関係になります。

IRENAへの参加国は150カ国に上り、日本が米国に次いで2番目の分担金拠出国で、当然わが国がその運営についても主導的立場にあります。私は総会で2回演説し、また5カ国の代表と個別会談を行いました。昨年のCOP24を評価しながら、再生エネルギーの推進の重要性、日本の取り組みを紹介して、どの国とも協力すること、合わせて今年の6月、日本で行われる「G20サミット」への呼びか

けを致しました。
会議の合間に、太陽光発電所の視察をしました。

1月12日（土）

世界最大級、アブダビ国営の「太陽光発電」視察（その2）

アブダビ国営の「太陽光（ソーラー）発電所」を視察しました。砂漠の中に忽然と広がる「スウェイハン・メガソーラー発電所」（工事中）で、出力は117万キロワット、最終的には世界最大になると言われています。アブダビは産油国の一角ですが、石油の将来的限界を察知し、早くから代替エネルギーの開発に着手、このソーラー発電所こそがその代表事例です。日本の「丸紅」社が出資、実質的に管理、指導しています。

私は、一応、太陽光エネルギーの専門家を任じておりますので、現場での説明では多くの質疑も交わし、多くを学びました。中国の「ジンコー・ソーラー発電」社も共同出資者ですが、6、7年前には

偶然、中国・上海の本社工場を視察したこともあります。

尚、砂漠のど真ん中、砂嵐で発電機材（パネル）の表面を清める（スイープする）ための自動装置が常に作動していること、砂漠の希少「とかげ」が絶滅保護動物で管理が必要なこと、など日本では考えられない困難もあります。

1月12日（土）

ルーブル美術館がアブダビに!!（その3）

パリの「ルーブル美術館」が移転した、と思ったら、アブダビに世界唯一「ルーブル美術館」の名を冠した美術館（分所）が出来ていました。

アブダビは中近東で、経済的にも、政治的にも中核的役割を担っていますが、合わせて文化、芸術の中心となることを目指しています。先進国にも負けない最高の都市づくりも進んでおり、官民あらゆる場所で、その美術、芸術の気配りが行き渡っていますが、その上に「ルーブル」まで取り込むとは、単に豊かで、経済的に余裕があるというだけでは説明できない、この国の気迫を感じます。

壮大なドーム建築の中に、この10年間の、古今東西の遺跡、史跡、美術、芸術が詰まっています。「ナポレオン」も「ミケランジェロ」も鎮座し、「モナリザ」も「ミロ」もやってくるという。恐らく2、3日以上は必要でしょう、帰国前の1時間では余りに心残りの見学でしたが、それでも心の洗われる瞬間でした。案内の女性に請われるままに、感謝の揮毫を書かせて頂きました。

1月12日（土）

アブダビを再訪して（その4）

この中東の国アブダビには、私は2度目の訪問で、もう40年も前、通産省エネルギー庁時代。石油ショックの頃で、国は挙げて産油諸国への石油詣でに右往左往していた。ＯＰＥＣ（産油国連合）、ヤマニ石油相、オタイバ石油相などの名前を聞かぬ日がないくらいでした。

私は当時の政務次官の随行でアブダビに行った。貧しい、小さな砂漠国だったとの記憶でしたが、今回のアブダビには驚きました。ホテルと会議場を含む超高層ビルの都心、行き来する道路や交通網、景観、住宅など、余程しっかりした都市計画があったに違いない。40年の時間と、それ以上にそれを実行してきた民族の努力に称賛を送りたい。

尚、「独立の父」と称される、初代大統領の「ザイード国王」（1971～2004）が本当の意味で立派な指導者であったということをこの際学ぶことになりました。

1月12日（土）

成人式。新成人へのお願い

太宰府市の成人式に招かれて挨拶をしました。人生訓は余りにたくさんありますが、とりあえず3つを。

1つは、人々に感謝すること。今日まで育ったのは多くの人々のお陰です。父母から始まり家族、学校の先生、友人……、お店の人、バスの運転手さん……。昔読んだ新聞記事で、成人するまでに8000人くらいにお世話になるという。根拠は全くわからないが、知っておいた方がいい。それらの全ての人へのご恩返しにしっかり頑張って頂きたい。

2つ目、責任感の強い人になって欲しい。与えられた責務は最後まで果たす。その積み重ねでこそ、人に信頼される、期待される人になります。信頼とは決して求めて得られるものではありません。世の中からの期待こそ、成人としての義務です。

3つ目は、国際社会にいつも気を配って欲しい。日本は独りで生きているわけではない。多くの国と関わり合って生きています。われわれ日本人は、（気が付かないだけで、）余りに豊かで恵まれた民族です。地球上には食べるもの、住む家、明日への希望のない人々が何10億人といます。これらのことを時には思い出して、今自分に何ができるか考えてみましょう。

1月13日（日）

「大臣として帰って参りました」

太宰府市S自治会に立ち寄りました。今日は地区敬老の日、併せて高齢世帯への配膳サービスの日で、集会所は老いも若きもごった返していました。私が入っていくと大拍手が起こりました。

私は奥に落ち着くと、「皆さま、原田義昭が大臣として帰って参りました」、と大きな声で挨拶しました。嵐のような拍手と歓声が起こりました。

皆さま、ここが、この集会所が、私が生まれた場所です。平成5年にこの地にやって来ました。（私は、声を何度も詰まらせました。）その時はこの太宰府で誰1人として知り合いがいませんでした。自治会の皆さんがこの集会所に何度も集まって、私を助けて下さいました。この集会所を中心に何度も選挙をやりました。7回も当選させて頂きました。平成21年から3年半は落選していました。その時も最後まで支

えてくれたのは皆さんでした。妻はいつも家で泣いていました、きつくて辛い時は、自治会に行くと皆んなが慰めてくれると。お陰で私も頑張っています。

大臣になる時、安倍総理から、地球の環境を守ることで、人類を守れと言われました。東京で、全国で、そして今は世界中で頑張っています。去年はヨーロッパ、昨日は夜、国際会議のアラビアから帰って来ました。今日はまた上京します。どこに行こうとも、私の生まれ育ちは、S自治会です。この集会所こそが私の出生地です。皆さま、これからも頑張ります。どうぞ、今年が良い年となりますように……。

1月13日（日）

人工衛星の開発現場。「国立環境研究所」視察

環境省の政策は多くの専門的研究機関からの基本情報に支えられていますが、とりわけ「国立環境研究所」はその最も重要な組織です。今日は半日をかけて筑波学園都市に出掛け視察を行いました。

地球温暖化対策、地域適応政策、放射性廃棄物対策、生物生態系追求など研究対象は広範囲に及びますが、特にCO_2など温室効果ガスを最高精度で採取する気象情報衛星「いぶき2号」の開発現場も訪問して、舞台裏の苦労話しなどにも具に接しました。合わせて、現場の皆さんには日頃の努力に対してねぎらいの挨拶もしました。

「いぶき2号」について、私は、昨年12月の「COP24」（国連環境会議、ポーランド）や先週の「再生エネルギー国際会議」（アブダビ）において、日本の国際貢献の事例として何十回と紹介、説明して、各国の強い関心を受けたところです。

国としての政策や主張の背後には、こ

のように膨大かつ地道な研究情報の後押しがあることを忘れてはなりません。

1月16日（水）

大学柔道部、祝賀会

東大柔道部の同期生たちが中心となって、私の大臣就任祝賀会を開いてくれました。卒業して半世紀、本当に久しぶりもいるし、時々会っているのもいます。青畳の上で一緒に汗を流した遠い日々が、蘇ってきます。選挙を長くやっていると良い時も悪い時もありました、しかし、いつも変わらぬ態度で応援続けてくれたのがこの仲間たちです。

どこに行っても選挙の応援者がいたのは、終生柔道をやってきたお陰です。多くの友人に恵まれ、身体が鍛えられ、何より日本人として生きる誇りを得られたのは、私の場合、やっぱり柔道を修行してきたお陰です。

（後輩）宗岡正二新日鉄住金会長から祝辞。山下康裕全柔連会長の花輪も。

1月17日（木）

動物愛護センターと「お見合い会」

千葉県動物愛護センター（富里市）を訪問して、いわゆる「犬の譲渡会」を見学してきました。年間１０００匹以上の犬が収容され、狂犬病等の対応をした上で、新しい飼い主を探すことになります。

近時、いわゆる野良犬は殆どなく、飼い主から離れた行方不明犬、飼い主が高齢や死亡等で手放したものなどが集まっています。犬を求めて来所する家族連れも少なくありません。譲渡会（マッチング、お見合い）はセンターや出先で定期的に開かれており、年間８００匹くらいが晴れて飼い主に引き取られます。尚、高齢、病気、凶暴性については、最終的に300匹程度安楽死処分も行われます。猫についても、全体としてほぼ同じ扱いがされています。「動物愛護」、その名の通り、動物愛護センターは非常に適切に運営されていました。「親を待つ子」たちも元気いっぱい、大きな声で吠えまくり、獣医師の関与や人道的配慮が十分なされていることには感心しました。

1月18日（金）

自民党本部、訪問

自民党本部での「環境部会」に出席して、環境政策の近況及び国際会議の報告を行いました。自民党本部への訪問は久しぶりです。普段なら1日でも党本部を欠かすことはないのですが、閣僚になればほぼ来ることはありません。いささか複雑な思いです。幹事長ら三役に挨拶の名刺を置いてきました。

1月19日（土）

福島県訪問、再生を目指して

東日本大震災からやがて8年、原子力災害から立ち直ろうとする福島県を、年初の挨拶も含め再訪しました。環境省福島事務所で職員への訓示、県知事、県議会議長との会見を行いました。

「福島の再生無くして日本の再生なし」という安倍総理の言葉を引用して、それぞれを激励しました。

1月19日（土）

高校生、アメリカに短期研修

外務省の青少年交流の一環として、地元の高校生が米国に渡ることになりました。テキサス州で、戦前から日本と縁の深い場所、昨年には私も他の国会議員と訪問しました。10日間という短期間ですが、多感な時期に海外経験することは得るものも多く、生徒たちは一層成長して帰って来るでしょう。私の高校時代の留学記『ヨッシーが街にやって来た』を渡して、少しでも参考にしてくれればと思いました。

1月21日（月）

「政治家とは……」、鴻池《こうのいけ》先生、逝く

参議院議員で元災害対策大臣、麻生派重鎮の鴻池祥肇《よしただ》先生が亡くなった。晩年は肺炎等病気がちであったが、往年は実に頼母しい元気な政治家で、人の面倒見がよく、私も本当にご指導頂いた。落選中など特別に目を掛けて頂き、どれだけ助けられたか。豪放磊落《ごうほうらいらく》、直情径行で、その言動はしばしば新聞の囲み記事を賑わした。行年78歳、ご冥福を祈ります。

「政治家は1本のろうそくたるべし」

（自分の身を焼き尽くしてでも、世の中を明るく照らし続けなければならない。）

鴻池先生が生前説かれた言葉。政治の師、「斉藤隆夫先生、河本敏夫先生」から受け継いだといわれていた。

1月21日（月）

「世界の王」さんと出会う

大変珍しいパーティに出ました。昔「力道山」という有名なプロレスラーがおり、われわれこども時代は大騒ぎしたものです。事件で亡くなったのですが、時代を経てその未亡人（田中敬子さん）が思い出話しの本を書かれた。私は前からご縁があってその出版記念会に出席して、主賓の挨拶をしました。

多くのお客さんの中にかの「王貞治」さんを見つけたので、「世界の王監督の前で話すなど緊張します」と言って、皆を笑わせました。座が開いて懇談の時間になったので、早速王さんの所に挨拶に行っ

て、自分が福岡出身で、ソフトバンクの地元であると断ってツーショットをお願いしました。も1人、非常にがっちりした年配の人がいて、それがテレビで有名な元プロ野球選手の「張本勲」さん。日曜日のテレビは毎週見ていますと、これもまたパチリ。

政治家のパーティは、呼んだり呼ばれたりはしょっちゅうですが、それ以外のパーティでは有名な人と出会うことがあるのでいつも楽しみです。お2人ともさすがに立派な体で迫力を感じました。

1月24日（木）

「世界の青木功」さんと出会ったこと（その2）

「世界の王」さんと出会ったついでに、ゴルフの「青木功」さんのことも。

実は私の担当の警護官（ＳＰ）に「青木功」君がいて、いつもあの有名人と同姓同名とはやし立てていた。

しばらく前、経団連だかの大きな新年パーティの人混みの中で、私はあの本物の青木選手を見つけたのです。側にいたSPをちょっと来いと呼び寄せて有名人の前に連れて行った。「私は環境大臣の原田と申します」とまず自己紹介から始めた。

「実は私にSPがおりますが、彼の名前が青木功と申します。同姓同名で大変名誉に思っております」と話したうえで、SPに挨拶させた。その名刺を見ながら、有名人は実に喜んだ、「そうか、君と同姓同名か」。私が口を挟んで、「彼の父親が大変な青木ファンで、そのまま名前を頂いたそうです」

……。

かくして、記念のスナップでは、3人とも満面の笑顔になった次第です。

1月24日（木）

「おい、北川君、ありがとう」。北川議員、逝く

昨年暮れ、親友の衆議院議員「北川知克《ともかつ》」氏が亡くなった。麻生太郎副総理、山東昭子議員ら多くの議員とともに、大阪（寝屋川）で行われた本葬儀に出席しました。環境省の政務官、副大臣、衆議院の環境委員長、自民党の環境部会長など、ほぼ環境政策一本を真面目に務めあげられた。同じ麻生派の同志でもある。

私は弔辞を読み上げました。環境政策に特に頑張って頂いたこと、多くの環境省職員に慕われていること、これからの時代でこそ彼の力が必要だったこと、環境庁長官だったご父君「北川石松先生」にも大変お世話になったこと……。

私は最後に大声で結びました、「おい、北川君、本当にありがとう。安らかに眠れ」。享年68。本当に立派な男でした。

1月26日（土）

大《おお》見《み》正《せい》さん、安《あん》城《じょう》市長選挙に

衆議院議員同志の「大見正」さんが、愛知県「安城市」市長選挙に立候補した。だいぶ後輩になるが、同じ麻生派に属し随分と協力しあった。この度故郷に帰って市長選挙に出るという、よほどの事情があったのだろう、結局現職市長と一騎打ち。

私はその出陣式に出て、応援演説をしてきました。神社における出陣式、後援会5、600人集まり、あの寒い中、大いに盛り上がり、来賓も顔ぶれが揃っている、是非勝たせたい。安城市は、愛知県名古

屋市の一角、どうぞ多くの皆様にお声を掛けて下さい。(大見氏は安城市中心に、市議2期、県議3期、衆議院3期の実績です。)

1月28日(月)

国会、始まる

第198回国会が始まりました。通常国会として150日間続きます。今年は参議院選挙の年で、基本的に延長はないとされていますが、国の内外多事に囲まれており政府与党もしっかりと対応しなければなりません。

開会式では、(最後となる)天皇陛下の「おことば」とお姿を心に焼き付けました。続いて本会議での政府演説、安倍総理の施政方針も立派なものでした。外交、財務と衆参、閣僚席から2度、同じものを聴きましたが、それぞれに理解が深まりました。今後、予算委員会、担当委員会と業務は広がっていきますが、与えられた職務はしっかりと果たします。もとより地元選挙を含む「政務」も格段に増えており、緊張した毎日が続きます。

1月29日(火)

「直ぐやる」覚悟。福島県地方議会、来所

福島県楢葉《なら は》町の議員団が要請活動に来られた。あの東日本大震災、東電 原子力発電所事故が起こって8年、福島県の人々にとっては、放射能汚染との闘いは毎日、実に今日も、続いているのです。未だ数万の人々が自分の家にさえ帰られない状態です。地元の議員さんたちにとっても、地域の復興と住民の生活再建を目指した懸命の活動が休みなく続いています。

国はこれら支援のために万全の態勢で臨んでいますが、折にふれて、地域の皆さんの

要請を直接、具体的に聴くことで、さらに多くのやるべきことに気付くのです。私は相談を受けると、大臣として「直ぐにやります」と答えるように心がけています。（秋元副大臣、菅家政務官ともども要請文を受け取る。）

2月1日（水）

ネパールの空手家、来訪

大臣室は、毎日多くの訪問客で賑わっていますが、今日はネパールの空手師範が訪ねてきました。長年の友人「久高」父子は空手の指導を通じて活発な国際活動を続けており、とりわけネパール、モンゴルなど中央アジアで多くの弟子たちを育てています。

国こそ貧しいが、ネパール人は尚武の気運が高く日本の精神性と相い似て、今後さらに日ネの交流は深まるものと思います。来日ビザの発給が厳しいなど、課題は多いのですが、わが国が頼られる限りは全力で守ってやることこそが大事であります。（妹さん同行）

私は首に彼の国の伝統「幸せのショール」を掛けて貰って、文字通り、幸せいっぱいです。

2月1日（水）

太宰府の星、西島大吾《だいご》君

私の秘書の「西島大吾」君が太宰府から4月の福岡県議会選挙に出ることになりました。自民党と農政連には公認、推薦を頂いて一応の準

備は進んでいますが、他所からの転入組でもあって、準備期間が余りに短いこと、大変に厳しい状況にあります。

その性、あくまで実直かつ努力家、何処にでも気軽に跳んで行きます。来たる2月16日朝10時から市内で決起大会を行います。是非皆様のご支援を宜しくお願い致します。

2月2日(木)

「プラスチック・スマート・フォーラム」の結成

プラスチック製品の投げ捨てで海洋汚染が深刻になり、今や国もまた国際社会もその対策に本格的となってきた。

来たる6月、日本で行われる「G20サミット、環境閣僚会議」ではこのプラスチック問題が主要議題となる予定。環境省はその運動を「プラスチック・スマート」や「ワイズ・コンサンプション(賢い消費)」などと名付けて抑制策を率先しているが、この度これらの運動を組織化して、企業活動など官民挙げての全国的な国民運動に広げることとした。地方や民間から生まれてくるさまざまな考え、アイデア、経験などを交流しあって、国全体としてより実効的なものに仕上げたいと思っています。

(黒岩祐治知事の神奈川県なども大変熱心な会員です。)

2月3日(金)

庁内への激励、「皆さんのお陰です」

大臣になって4カ月、今日までなんとか頑張っておりますが、これもあれも多くの職員に支えられてのものであります。夕刻でしたが用事ができたので、省内のある部署(地球環境局)に足を運んだところ、見渡す限り大きな部屋で多くの職員が懸命に仕事を

しています。せっかくですから、全部の部署に挨拶をして回りました。
「皆さんのお陰で立派な環境政策を訴えることが出来ます、今年6月の「G20サミット」は是非とも成功させたいですね……」などを話しました。何事も、私（大臣）のところに上がってくる案件は、これらの人々の汗の結晶だということを目の前で確認したところです。
2月6日（月）

「新宿御苑」に行こう!!　大改革

東京の「新宿御苑」は、「国立公園」よりも格の高い「国民公園」という位置づけで、実は環境省の直営の公園です。私は昨年11月に菊花展を観に行って来ましたが、御苑の素晴らしさと広さ、偉大さ、これだけの大自然がよくも東京のど真ん中にあるという奇跡……に圧倒されたところです。

同時に問題点が存在します。来園者が少ない、外国人が沢山来ているが十分対応しているか、閉園時刻（4時30分）が早すぎる、チケット販売はペイしているか……などにつき検討始めました。議論を重ねこの1月には結果を新聞発表したところです。

曰く開園の時間を延長して、閉園時刻を春夏はそれぞれ6時と7時とする、夜間ライトも点ける、これら経費増に対して入園料は200円から500円と上げる、子供の入園は有料から無料とする……など。

（大臣たる）私は期せずしてこの公園の「オーナー」（地主）!! になった以上、より多くの日本人、外国人に来てもらい、歴史的、文化的、かつ環境と大自然、まさに「真の日本の美」とも言える場所を堪能して頂きたいと強く思っています。「国民公園」とは、「国民の誇るべき資産」という意味です。

2月6日（月）

明日から衆議院予算委員会

今日は1日、参議院予算委員会で、夕刻には本会議での採決に立ち会いました。これで今年度（30年度）の補正予算が成立し、明日からは31年度本予算の衆議院審議が始まります。既に予算委員会での質疑予定が入っており、十分慎重に準備いたします。

2月7日（火）

倉島秘書官、83翁

環境省政務秘書官倉島守氏、83歳の誕生日を迎えました。昭和の時代から40年近くずっと秘書として一緒におりますので、その付き合いは本当に長い。オイ、コラといつも苦情ばかりを大声で言い合うので周りはハラハラしますが、結構それがストレス解消に役立っているのかも。その昔、横須賀市（神奈川県）で選挙

していた。実に10年間、選挙事務所に泊まり込んで頑張ってくれた、随分奥さんにも迷惑をかけたものです。よく続きますね、との問いには、言いたいことを言うからでしょう、と答えています。
閣僚の政務秘書官ではもちろん最年長という。ささやかな誕生祝い、秘書官室の皆さんと。特別仕立てのケーキも。こんな2人ですが今後ともよろしくお願い致します。

2月9日（木）

平井一三県議会議員、3選目指し

筑紫野市選出「平井一三」県議会議員の事務所開き、決起大会が行われた。平井氏は市議会から県議会に上がって8年、「藤田陽三」市長と二人三脚、二日市鷺田川、高尾川洪水対策、地域道路整備、市庁舎建設などインフラ整備に力を奮ってきた。

「今、筑紫野市の人口は10万3000であるが、以前からの調査によると、12万5000くらいになると予想されていた。発展の余地はまだまだ大きく、都市魅力増進のため一層努力する」と3選への意欲を力強く示された。

2月10日（金）

「知の巨人」堺屋太一さん、逝く

堺屋太一さんが亡くなった。本当に大きな人であったが、堺屋さんの「謦咳《けいがい》に接した」（偉人と直接に触れる）ことは私の誇りでもある。同じ（旧）通産省に勤めていたが、年代に差があり余り重なりは無かった。一度だけ、私が予算担当の時、直々に省内で予算の陳情に来られたことがある。
その後、外に出られて、大阪万博成功、文筆や社会活動、エネルギー危機の『油断！』、『団塊の世代』、『峠の群像』などを発表され、大いに世の中を覚醒された。私も政治家になる頃で、一、二度事務所に挨拶に行ったり、一度は私の会合に来て頂いたこともある。民間人大臣（「経済企画庁長官」）としても活躍され、国会内で挨拶することもあった。本当は後輩としてもっと甘えていくべきところ、格の違いに萎縮して遂に打ち解けるまではいかなかった。
あれだけの学績と将来を見通す力、それを表現する筆力などは、恐らく他の再来は許さないであろう。日本の官僚の優秀さは世界一だが、将来を率先して目測する力が出て来ないと、いつも案じておられた。実は私もその思想下にある。

2月11日（土）

日本会議、「天皇陛下の在位30年を祝う会」

建国記念の日、「日本会議福岡」が、「天皇陛下の在位30年を祝う会」を主催し、通例にない多くの人が参加しました。皇位継承もいよいよ目睫の間となり、今やどの会合でも必ず話題となる、新元号はあと1月半、国民の関心が高まるのは良いことだと思います。
私も挨拶に立ち敢えて、「自分自身が平成2年の初当選で、この平成時代を丸々生きてきたこと、天皇陛下を国会や宮中行事で近距離でお見受けして来たが、その懸命のお尽くしぶり、近時においてはお疲れを感ずることに1人涙すること」などを告白しました。折角の機会、憲法改正という現下の政治課題にもふれました。

陛下のご退位をむしろお喜びしたいというのが、今の私の率直な気持ちです。

2月12日（日）

予算委員会で答弁

衆議院「予算委員会」の基本的質疑の3日目、白熱した議論が続きました。私も「気候変動適応法」の関係で答弁を致しました。

2月14日（火）

インドネシア大使、表敬

在京インドネシア大使が大臣室に表敬された。インドネシアは環境政策に大変熱心な国であるが、国内には河川管理、廃棄物処理、再生エネルギー、廃プラスチックなど個別にも多く問題を抱えており、特に我が国の積極的な協力を期待する向きが大きい。6月の大阪での「G20サミット」にはアセアンの代表国として閣僚が出席する予定。

その昔、私はひとりでインドネシアのアチェ州に大津波の慰問に訪れたことがある。その後日本の東日本大震災、つい先だってのインドネシアの海中火山の爆発、津波ではお互い救援しあったことなどに触れて、2国間交流の強化を約しあった。

2月14日（火）

嗚呼、御霊よ、安かれ

お陰様、連日多くの友人達が来訪されます。都立「小山台高校」柔道部の後輩たち。入閣のお祝いに駆けつけた。私は大学4年頃、柔道を一番熱心に稽古していた。ある時高校の柔道部に顔を出したら全くピリッとしない。私は発案してその夏、チームを合宿に連れて行った。長野県大町市。1週間ほど、稽古では徹底的に鍛えた。夜は夜

で楽しく過ごした。その縁でこの学年とは特に深く結びついた。

　この写真の中に1人だけ欠けたのがいる。「小野泰伸君」。このチームのマネージャーで、体は小さかったが頑張り屋だった。彼が大学を出た時、丁度私は選挙（神奈川県）に出る準備を始めていた。私は小野に頼んで事務所を手伝ってもらうこととした。小野は秘書として懸命に働いた。昭和61年は当然ながら落選、そして平成2年2月、遂に当選を果たして美酒に泣いた。この5年間は殆ど小野がひとりで事務所を仕切っていた。

　初当選で浮かれていたある日、チームの同級生の谷屋利隆が私の所にふらっと来た。いきなり、先生、小野を辞めさせてくれ、と言う。びっくりして、お前何を言う、小野無くしてこれから俺はどうするんだ、と怒鳴った。「小野が体がきついと言っています。少し病気が進んできたようです。どうか聞いてやって下さい」。

　私は、始めて事の重大さに気づき、決心した。小野が持病（糖尿病、若年性）を持っていたのは知っていた。以来、小野は他に仕事を求めていたが、いつも事務所を気遣ってくれた。

　そして2年後、亡くなった。私は今でもあの事務所の5年こそが、小野の命を縮めたもの、と心を痛めているのです。

2月15日（水）

川崎市、それは「望郷の地」

川崎青年会議所（川崎JC）で講演しました。一方で多くの年配OBとも久しぶり再会することが出来ました。私はその昔川崎JCに入り、川崎市からの選挙立候補に備えました。JCというのは40歳までの若い青年たちの組織で、私はそこで力をつけ、昭和61年の選挙（落選）と平成2年2月の選挙（当選）に出ましたが、いずれも専らJCの仲間に支えてもらったものです。その後も、実に今日まで、永くも深い付き合いを続けており、彼らにこそ「政治家・原田」を「産んでくれた」というのが私の最も

近い実感です。
JCの全国団体（「日本JC」）は、今年を「環境問題、SDGs」を主要テーマとして、各種運動を展開しており、非常に環境省と縁が深い。ついては今般、環境省の審議会にも正式メンバーとして参加してもらった経緯があります。
川崎市を出て30年、もちろん街並みは大きく変わりましたが、それでも人々の温かさは変わらない、私は「母なる故郷」をいつも遠くから想っています。

2月17日（金）

「金融教育」で優れた人材を育てよう、高校生に

「高校生に金融基礎教育を与え、人材を育て、国の将来に備えよう、しかもゲーム感覚、クイズ感覚で」、という奇特な活動が地道に続いている。「エコノミクス甲子園」と銘打って、ほぼ全国の銀行、金融機関が支援し、予選では各県5、6校づつ、全国で200校ぐらいが参加している。

日本には、教育段階で「金融、経済」という認識が全く無く、結果、日本は国として人材が少なく、国際的な金融競争にむしろ負けているというのが現実である。そこを巡ってNPO法人「金融知力普及協会」がいち早く、若者の年代から金融

の基礎教育を普及しようとする企画で、私はその趣意に早くから賛成し、応援を続けてきた。テレビで有名な「野中ともよ」さんも有力役員である。

今年の大会は13回目で、東京代々木の旧オリンピック村にて。私は「環境と経済」など短時間の講演をした上で、しばし行事の推移を見守った。なかなかにして優れたもので、高校生たちの意見発表など主体性もしっかりしており、日本の将来は決して捨てたものでない、という強い印象を受けた。

2月17日（金）

感謝、政治パーティ（福岡大会）大盛況

「原田義昭と日本を語る会」を催した処、多くの皆様に出席頂き心から感謝致します。初めての方、遠路からの方も大勢出席して頂き従来にない盛況で、今後の政治活動に自信を与えて頂きました。「麻生太郎」副総理を始め各界の指導者も駆けつけ、それぞれに力強い応援を頂きました。

私は環境大臣としての決意をしっかりと述べた上で、合わせて、今政治は内外、混乱と混沌を深めつつある、日韓問題、日中、日露、米中、米朝問題、はたまたトランプ大統領の政治姿勢、日産ゴーン問題、遂には国会の混乱なども……、外交安全保障を専門とする私としては言いたいことは余りに多いが、今閣僚の立場では自制に徹しており、いつの日か回想することもあるだろう、と言いました。

「政治家は1本のろうそくたれ。身を焦がし尽くして、国家社会を明るく照らし続けよ」。あの戦前の大政治家「斎藤隆夫先生」の言葉を引用して、今後の活動を誓いました。

今年は選挙の年、また平成から次の元号へと、時代が大いに変わります。いよいよ私が必要とされる時代が来る、と改めて確認致しました。

2月18日(土)

フィンランド経済大臣、来訪

フィンランドの経済大臣一行が来訪された。今年は「日本フィンランド外交100年」という記念すべき年です。私は昔から、フィンランドが日本にとって非常に特異な国であることを認識しており、あらゆる分野でより一層の友好交流を進めようと約束しました。

先方の環境大臣については、昨年10月横浜での会議で交流しており、この国は環境分野でも非常に進んでいます。一度フィンランドに来てくれとの強いお誘いを受けました。

2月20日(月)

海ゴミに対して国民運動を

海洋へのプラスチックゴミ汚染への対策は環境政策の大きな柱のひとつですが、この度財団法人「日本財団」と国民運動を共催することとなり、同会長笹川陽平氏と合同記者発表を致しました。

日本財団は長い間本格的な環境美化運動に熱心で、例えば毎年150万人を動員して全

国の海浜清掃に取り組んでいます。今後海浜プラスチック汚染に対して清掃活動、研究開発、パネルディスカッションなどを企画、実践していきます。

2月20日（月）

「ご家族への感謝」長期勤続職員への表彰式

環境省へ長期勤続（30年、20年）した職員に対して「大臣感謝状」を授与しました。環境行政が大きく変わる時代をよく頑張り抜いた人々です。訓示の中、ご家族への感謝については、特に強調しました。

2月21日（火）

大気環境調査にJAL機を活用。〈Contrail〉作戦

国には宇宙大気の環境を観測するためにさまざまな機関、組織が活動しており、その中心的なものが、「国立環境研究所」です。気象衛星「いぶき2号」は今宇宙を回っており、世界で最も進んだ気象衛星

として、大事な環境情報を送り続けています。

その国立環境研究所が開発した開発手法、「Contrail（コントレイル）」は様々な気象観測機器を民間航空機（ＪＡＬ）に積載し、詳細な大気情報を捕捉、発信しています。国の機関と民間航空機が協力することで重要な環境情報をより広範かつ経済的に捕捉するという世界的にも珍しくも画期的な活動です。

今日は環境大臣室でその詳しい説明を聞き、担当者を激励しました。

2月23日（木）

ＪＡＬ「コントレイル」作戦（その２）

羽田空港にて、日本航空（ＪＡＬ）の「植木義晴会長」とお会いしたので、「環境省・ＪＡＬ」協力の「コントレイル作戦」のことを話したところ、大いに座が盛り上がりました。

2月23日（木）

二階自民党幹事長夫人の「偲ぶ会」に出席

二階俊博自民党幹事長夫人の「偲ぶ会」（本葬）に出席しました。和歌山県御坊市。二階幹事長には、私はもちろん党において特段にお世話になっていること、実は私の義理の父、兄がその昔、同じ和歌山県で堅い自民党同志であったこと、そして何より時間ができたことで出席が叶いました。内外本当に多くの参列者で、立派な会となりました。

故人は長い闘病を経て、昨年暮れに亡くなった。夫は全くのたたき上げで、県議会から国会に進まれ

た。母として3人の幼な子を抱きながらも、厳しい選挙を何度も闘ったこと、ただひたすら地元和歌山のため、夫のために、尽くしてきたこと……胸を熱く打つものばかりです。参席した全ての政治家、全ての人々が自分と重ねながら聴き入ったものと思います。享年78、御冥福をお祈り致します。

2月24日（金）

「天皇陛下ご在位30年祝賀会」

政府主催「天皇陛下ご在位30年記念祝賀会」が国立劇場にて行われました。閣僚として最前列から臨みましたが、本当に素晴らしい、終生忘れ得ぬ式典で、天皇、皇后両陛下のお元気なお姿もしかと眼に刻ませて頂きました。とりわけ壇上からお離れの際、会場に振り返ってしばらくお手を振られたが、私はひとり感極まるを止められなかった。2月26日（日）

「天皇ご在位30年」行事（その2）
小泉元首相と再会も

昨日の記念式典には多くの外交団が出席していました。ある国の親しい在京大使から電話がありました。「両陛下のお姿に感激し涙が止まらなかった。このような指導者を持った日本人を本当に幸せだなと思う。だから日本はこんなに豊かな国になった……」と話された。私はただ、「ありがとう、ありがとう」と受話器に向かってお辞儀を繰り返すしかありませんでした。

夕刻には皇居にてご在位30年を祝う「宮中茶会」が行われました。閣僚、議員、政府関係者ら500人くらい、両陛下と皇族ご参加の大掛かり

の立食パーティ。天皇陛下のお声も手の届く距離で拝聴。

懐かしいOB政治家と多く会いましたが、とりわけ「小泉純一郎氏」（元首相）とお会いした。「若い頃、お互い元気だったなー」と固い握手も交わしました。昭和～平成の頃、小泉氏と私は中選挙区選挙（神奈川県）で激しく闘っていた。その後私は小泉「厚生大臣」の下で「厚生政務次官」を務めました。

2月26日（日）

春の訪れ。お雛様、総理官邸ロビーに

総理官邸の2階ロビーには美しいお雛様が飾ってあります。出入りする内外の要人たちにしばしの癒しを与えてくれます。

2月26日（日）

凄い熱気、「政治パーティ」（東京）

東京地区の「励ます会」を開き、有難くも1000人を超す、本当に多くの人々に出席して頂いた。

これだけ祝福されての大臣就任だけに、余程しっかりと職務を果たさなければなりません。予算委員会（衆議院）が大詰めのこの日、河野太郎外務大臣、渡辺博道復興大臣、山下貴史法務大臣ら多くの国会議員も駆けつけてくれた。アパホテル・グループの元谷代表にも主賓挨拶で座を盛り上げて頂いた。

これからは、国会対応、公務出張もさらに忙しくなり、一方、政務での選挙対策、地方選挙はいよいよ最終盤になってきます。

国会議員となり、多くの職務を与えられ、一方でこれだけ多くの人々に支えられ、私は本当に幸福者です。「政治家は1本のろうそくたれ、身を燃やし尽くして世の中に明かりを灯せ」の通り、これからも誠実に頑張っていこうと思います。

福島県、原発被災地域視察

3月1日（金）

週末を活用して2日間、福島県の原発被災の復興

地を訪問しました。大臣就任以来で、福島県訪問は6度目となり、私の行政範囲での福島県案件は突出しています。発災からやがて8年、さしもの被災地も、今や滔々《とうとう》と復興の途上にありますが、未だ前途は楽なものではありません。「帰還困難区域」という未だ人の戻れない地域もあり、除去土壌の仮置場、「中間貯蔵施設」という広大な貯蔵施設、原子力施設を監視するオフサイトセンター等々その放射線対策は幾重にも講じてあり、一方で次なる時代に向けての将来計画、街づくりも着実に進められています。要所においては、現場職員や関係者に訓示や激励を与えました。大熊町町長、双葉町町長らとも親しく会見し、それぞれの持つ困難と将来計画に対して、強い共感を覚え今後の協力を約しました。

3月3日（日）

モザンビーク共和国との技術援助協定

アフリカ大陸の東南に位置する「モザンビーク共和国」「環境開発大臣」の来日を期して、河川環境整備の技術援助協定の調印式が行われました。この親日国の若い大臣に対して、私は「日本は貴国のために援助を惜しまないので、どんなことでも言ってきて下さい」と伝えました。

3月4日（月）

懐かしき人々、長くの応援者たち

川崎市宮前区の人々が大臣室に訪ねてくれました。

平成の初め、私は川崎市で激しい衆議院選挙を戦っていましたが、その時の同志、後援会の皆さんです。当時私の秘書をしていた「浅野文直」さんが、その後川崎市議会議員となり、また市議会議長にもなったのですが、今はその浅野さんの強力な後援会として頑張っています。
お互い歳はとりましたが、昔は本当にお世話になったものです。

3月5日（火）

環境対策に金融支援、「環境と経済成長の好循環」

「ESG（環境、社会、ガバナンス）」という概念が急速に広まっている。環境対策を積極的にとっている企業には金融や投資の形で積極的に支援し、逆にそれを怠っている企業には融資や投資を引き揚げるという、環境政策では最も実効性の上がる施策で、多くの銀行、証券会社、機関投資家がすでに具体的に実行しています。
昔は、環境対策なぞ専らコスト要因、「外部不経済」として、企業は嫌がったものですが、時代は大きく変わったことになります。
今日は、優良5社の長年の活動に対し大臣表彰を行い、お祝いと激励を述べました。

3月6日（水）

皇居にて、全権大使の「信任状奉呈式」

外国の全権大使は就任すると必ず、本国からの「信任状」を天皇陛下に奉呈するという厳粛な儀式が行われます。式典では天皇陛下のお側に立つ介添え役は、慣例上、閣僚が受け持つことになっており、今回畏れ多くも私がその番に当たりました。モーニングの正装で宮中昇殿し、宮内庁職員らから段取りを聴いたうえで、格式の最も高いといわれる「松の間」にて天皇陛下のお側に立ちました。
ブラジルとナミビア共和国（アフリカ）2国の新大使に対し、それぞれ陛下は実に丁寧に応対されました。対話ではユーモアも入りました。陪席の私は終始緊張の中におり、稀有の体験をひとり確認していましたが、皇居を後にする時はさすがに軽い疲れを覚えました。

大使たちは、東京駅から馬車と騎馬隊で皇居を往復しました。小雨の中も沿道で多くの人々が見送ったそうです。

このように手厚い接遇を受けた大使たちは、間違いなく日本との友好関係を一層深めてくれることでしょう。

3月8日（金）

米「影の大統領?」スティーブ・バノン氏、激白

トランプ大統領の側近として活躍する「スティーブ・バノン」氏の講演を聴く機会を得ました。バノン氏は報道広告業界出身でトランプ氏の選挙対策本部長としてその当選に働いた。大統領就任後もホワイトハウス首席補佐官として事実上政権を動かした。

政権内部のゴタゴタが絶えず半年余りで辞任してメディア界に戻ったが、反議会、プアホワイト寄り、反植民、アメリカファースト……共和党反主流のトランプ大統領の強硬思考と酷似して、現在でもトランプ大統領に大きな影響を持つとされる。軍歴もしっかりしており、駆逐艦にも乗艦し、ペンタゴンの海軍作戦部でも指揮をとった。

風貌も声量も嵐のような迫力で、演説も激しい。正直、私はただ荒々しい叩き上げとしか知らなかったが、「東シナ海、南シナ海は決して中国の海ではない」と断言するなど、主張も論旨も極めて明確、安全保障論で博士号を有しているという。

私は敢えて挙手をして質問をした。「今回のベトナム・ハノイでの米朝首脳会談について、決裂の結果は良かった。ただ首脳会談で分かったことは、事前の外交準備がまるで出来てなかった。トランプ大統領ももう少し人材を上手に活用すべきでないか」。返ってきた答えは、「大統領は直ちに席を蹴ってきた。物事が悪くなる前に決断することが正しい」。明快である。また日本にない政治家像を見て大いに刺激を受けたところだ。

講演会主催、ＡＰＡグループの元谷代表、バノン

氏紹介の河井克行代議士に心から感謝します。

3月9日（土）

アメリカ大使、来訪

ハガティ駐日アメリカ大使の来訪を受けました。所管の環境問題としては、気候変動、海洋プラスチック汚染問題など国際間の課題はありますが、とりわけ6月、大阪で行われるG20サミット、軽井沢で行われる環境大臣会議において、アメリカの特段の協力をお願いしました。昨年12月のCOP24では現地ポーランドではアメリカのバーカー代表とよく連絡取ったこと、いわゆるパリ協定からの離脱は食い止めて欲しいことなどを率直に話しました。

「米朝首脳会談」にふれ今回の不調結果は日本においても評価されており、将来さらに厳しい路線で北朝鮮とやって欲しいと期待しました。

3月9日（土）

北海道「泊《とまり》原発」視察

内閣府担当大臣として「泊原発」の視察に出向きました。泊原発は北海道電力では最も主力の電源ですが、東電福島原発事故（平成23年3月）以降休止しており、安全性新基準による再稼働を目指しています。

今回は発電所本体、緊急避難施設、オフサイドセンター、情報広報施設（「とまりん」）などを具に視察しましたが、防災対策はしっかりと行われているようです。北海道電力社長ら首脳部、北海道副知事、泊村長、共和町長ら地元自治体らと詳しく意見交換をしました。地元記者団との会見も丁寧にこなしました。

北海道は一面、未だ銀世界（雪）です。

3月11日（月）

嗚呼、大震災8年目

3月11日午後、東日本大震災から8年目、各地での追悼式典が行われました。私は閣僚として国立劇場での政府主催、秋篠宮ご夫妻ご出席に、参列しました。

4人の遺族代表それぞれの追悼の言葉は本当に涙無くして聴けないものばかりでした。

私たち日本人は被災地の人々とともに、この困難を乗り越えて、将来へ力強く生きていかなければならないのです。

3月12日（火）

大震災8年目（その2）

3月11日午前中、私の所管、内閣府「原子力防災担当」の幹部に対し、大震災8年目に当たっての大臣訓示を行いました。防災担当はとりわけ福島県の東電 福島原発に係る原子力災害の対策業務を行なっており、現地は未だ除染、復旧、復興の真っ只中にあります。「道半ば」という表現をもって、これからの事業が一層の大変さを伴うことに対し、幹部職員の自覚と奮起を促しました。 3月12日（火）

オリンピックの金メダルは「リサイクルから」

来年の東京オリンピックの金銀銅メダルは、全部で1・7トン、全て国民の協力で集めたケータイ、パソコン、スマホなど小家電の廃材から取り出します。

今日は国全体の活動が終結したことを、「櫻田オリンピック担当大臣」と私とで正式に宣言しました（於、環境省ビル）。環境政策として、3R（スリーアー＝Reduce,2Reuse, Recycle）という大原則が確立していますが、約2年前、環境省がオリンピックメダルをリサイクルで集めようと発案し、政府、経済界、国民の運動に広がったものです。当時からの関係者にとっては本当に感無量のものがあります。

多くの記者、報道陣の前での発表となりました。私は「テレビでオリンピックのメダル授与式を見ると、国民の皆さんは自分のスマホがリサイクルされたのだ、と思い出されるでしょう」と挨拶しました。 3月16日（土）

「ゴミ拾いは、スポーツだ!!」

東京・江戸川区の「葛西《かさい》臨海公園」は今や全国でも最も美しい海浜のひとつ、「ラムサール条約」にも指定された、として有名です。これも今日まで多くの人々の努力の賜物です。

3月16日土曜日の今朝は、この海岸でプラスチック・ゴミを拾う清掃活動があり、称して「ゴミ拾いは、スポーツだ!!『ゴミスポ大会』」が行われました。環境省も共催しており、私も「環境省チーム」のメンバーとしてプラ・ゴミ拾いに参加し、沢山の出場者、役員、報道のみなさんから拍手と声援を頂きました。

実際に参加すると多くのことを学びました。一見綺麗な砂浜も、多くの粗大ゴミ、ポリ袋などが散乱しており、一旦大波でも来れば全部海に流れ込み、遂には深刻な海洋汚染に繋がるのです。事後の記者会見では、海岸清掃をスポーツ競技に仕立てるなど、地元の皆様の運動を称賛すると共に、「いずれは全国大会や国際大会に広めたいですね」と挨拶しました。（写真は、江戸川区長、東京都局長などと。）

3月16日（土）

「無駄を削って！」アパホテル、国会議事堂前に進出

アパホテルがいよいよ国会議事堂前にも進出しました。アパホテルグループは、国内のホテル業界では最も元気が良く、今や北米中心に海外進出を強化しています。

グループの「元谷《もとや》外志雄」代表は経営方針の中で「必要なものは徹底的にやる、不必要なものは徹底的に削る。普通の都市ホテルには部屋の作りや人間の使い方に無駄が多過ぎる、客に必要なものは『プライバシー』であって、ボーイを客室に来させる必要はない」、「だから、アパグループは儲けるのです」などと公言される。

私は国会議員代表の祝辞では、「私の環境大臣はわずか半年ですが、アパホテルは35年前の創業から一貫して『環境問題』に取り組んできたことは驚異に値する」と賛辞を贈りました。

3月20日（水）

カザフスタン大使の来訪

中央アジア・カザフスタンの大使が急に来訪。本国で政変があって大統領が突然辞任した、日本政府のコメントが欲しいという。大使とは旧知の仲で、特にエネルギー問題では何度か行き来した。ナザル

バエフ大統領は30年以上の独裁的政権で、クーデターなどによる政変ではなさそう。

私は、「今内閣にいるので外交発言は外務省に任せる。ただ引き続き日本との友好関係が続くように。とりわけ環境問題、エネルギー問題では今まで以上に密接な国際交流を図りたい」と答えました。大使とは今後の友情を確認して、握手で別れました。

3月21日（木）

県知事選、武内和久氏、立つ

いよいよ福岡県知事選挙が始まった。自民党推薦にて「たけうち和久」氏が勇躍立候補、福岡市護国神社にて出陣、久留米市にて決起大会。17日間の戦い。

たけうち氏は厚労省の出身、惜しまれて外資系企業に転出、地元で福祉活動をやりながら機を伺った。現職との戦いで楽ではないが、陣営は大いに盛り上がる。全ては今後の頑張り次第、十分に差し切れる。麻生太郎氏ほか、選対本部長は大家さとし参議院議員、私は福岡地区選対本部長の大役にある。

3月22日（金）

城内副大臣の励ます会

環境省の「城内実副大臣」がセミナーを開き、私もゲストに呼ばれました。城内氏は静岡県出身で、将来を強く嘱望される中堅代議士、私とは仲良く仕事しています。

私は「丸川珠代」参議院議員と環境問題につきトークショーを致

しました。丸川さんは私の2代前の環境大臣で、当時は「気候変動パリ協定」交渉で大変な時期でした。過去の話も含めてトークは盛り上がり、お客さんには大変喜んでもらった様子です。

3月22日（金）

「環境コンサルタント」、大臣表彰

世の中に「環境コンサルタント」といわれる人々が3000人ほどおります。

全国の各地方で民間の環境活動を手助けする資格者で、環境行政には重要な役割を担っています。今日はその優良者を表彰して、今後への励みと致しました。2人には大臣賞、その他には局長賞を授与しました。

大臣賞は「漫才の林家カレー子さん」、「大阪コンサルタント協会さん」のお二人です。

3月23日（土）

西島大吾《だいご》、走る！
「太宰府に明日の光を！」

「太宰府市から県政を変える！」を目標に、「西島大吾」さんが懸命に走っています。民主党系現職に対して新人ながら今や台風の目となっています。

県財政を大幅に取り込み、インバウンド外国人にも十分に対応できるインフラ整備、西鉄高架線の太宰府への延伸などを訴えて支持を拡大。自民党公認、農政連、公明党推薦……に相応しい結果を出さなければなりません。

私も選対本部長としての大きな役割を果たさなければなりません。皆様の応援をお願いします。

3月23日（土）

全国高校生の政治勉強会

全国から高校生が選抜されて国会に集結、３００人くらい、現職の大臣や議員から直接話しを聴いて、自分の将来にも備えよう、という企画です。

私も呼ばれたので、環境政策につきしばらくお話をしました。日本に自然災害が多いのは気候変動が関係していること、ＳＤＧｓのことなど、そして最後には、「君たちの中に政治家志望がいれば、どんどん私の処に訪ねてお出で」と結んできました。

3月27日（水）

予算委員会、答弁

参議院予算委員会も大詰めで、予算案も明日（3月27日）には上がりそうです。答弁は環境大臣にも時折り当たります。

予算が済むと、続いて担当委員会が始まり、ずっと張り付きです。しっかり準備して、委員会には緊張感を持って対応します。

3月27日（水）

大阪市長候補「柳本《やなぎもと》あきら」の必勝に向けて

3月29日、定例の閣議や記者会見を終えた午後、大阪に新幹線で急ぎ、大阪市長選挙の自民党推薦「柳本あきら」候補への応援に行きました。大阪維新の前知事が対抗馬。例の「大阪都構想」が選挙の争点で、国民から見れば決着は付いていた、いつまでやっているのか、という感じで、いい加減　終わりにした方が良い。

6月のG20サミット、2025年「大阪万国博」など国民は大阪のこれからに極めて大きな期待をしている。「柳本あきら」候補は45歳の若さ、市議会議員で頭角を現してきた。7月の参議院選挙では自民党公認候補に早くに決まっていたところ、急な大阪市長選挙に請われて出ることになった。大阪府知事候補「小西さだかず」氏とペアで戦う。

「柳本あきら」氏は「柳本卓治」参議院議員の甥に当たる。柳本卓治議員は私と同年、平成2年に衆議院　同時の初当選、爾来全く同じように当選回数を重ねた。私は渡辺美智雄元大蔵大臣、柳本氏は中曽根康弘元首相の元で育ってきた。柳本氏は途中参議院に転じて今は参議院憲法審査会長の職にある。互いのキャリアと性格で、私とは最も馬の合う友人、公私ともに2人で平成時代を生きてきたことになる。

新時代の大阪のために「柳本あきら」をよろしくお願いします。

3月30日（土）

甲子園、「筑陽学園」2勝目！

春の甲子園で、太宰府「筑陽学園」は堂々2回戦も勝ちました。3対2、なんと2度続けて大接戦、今こそ「精神力と粘り」という、太宰府天満宮様の真骨頂が出ています。この勢いで、選挙も政治も国家も頑張らなければなりません。

3月30日（土）

福島市にて「災害復興協議会」

東日本大震災から8年過ぎましたが、今日は福島市において復興大臣、経産大臣と打ち揃って「災害復興協議会」に出席しました。法律上の組織であって、政府からは省庁の副大臣、政務官を含む多くの職員が出席し、一方、福島県側も、知事、県議長ら関係市町村長、業界会長らが集合し、大変重厚な会

議です。

各省庁から当面の状況説明を行い、続いて県側からはそれぞれ直面する問題点の指摘と政府への要望などが行われた。発災8年間の経過にはそれぞれの事業成果はあるものも、未だ帰還困難者が4万人おり、復興への道のりは遥かに「道半ば」、政治も行政もさらに復興活動を加速することが必要です。

3月30日（土）

新元号「令和」、決まる。太宰府にも由来！

4月1日、新元号に「令和」が決まりました。この私は閣僚として閣議等に立ち会いましたが、この歴史的瞬間に直接に関わるなどなんと幸運なことでしょう。然《しか》も出典が『万葉集』、場所は太宰府で、8世紀の歌人大伴旅人が主宰した「梅花の宴」に由来するということも明らかになり、太宰府出身の私としては、一層身の不思議を考えたりしました。

記者会見等本当に慌ただしい1日で、未だ興奮気味ですが、おいおい落ち着いてくると、安倍総理、菅官房長官らとリアルタイムに連動したことなど、さらに深い思いが巡ってくるものと思います。

4月2日（火）

「太宰府の梅」、安倍総理からお祝い

興奮未だ冷めやらず、新元号「令和」の2日目、「太宰府の梅」があちこち飛び交いました。多くの議員たちから、私にお祝いの言葉も。極めつけはなんと、安倍総理その人（！）でした。今朝の閣議前の応接室で、総理が私に直々、「原田さん、太宰府、天満宮が出てきてよかったねー」と話しかけられた。私も思わず「恐縮です」と答えました。

そして夕刻、今度は同じ官邸でエネルギー、環境問題の閣僚会議。多くの閣僚と民間の学者、経営者らが集まり、何より報道の集団がテレビカメラを競って撮す中。安倍総理の締めくくり挨拶が始まり、本論が終えて、最後に話しは「令和」に及びました。いきなり「ここにおられる環境大臣原田さんの地元、太宰府から梅の香りを届けて頂くことになった……」と発言された。正直、私はたまげました。全国ネットが扱ったかどうか、私は事後に改めて安倍総理にはお礼のあいさつをしたものです。

かくして、元号は静かに、かつ確実に広まっていくのでしょう。

「令和」と太宰府について

「令和」は『万葉集』「梅花の歌」32首の序章からとられた。西暦730年頃の歌、国司の大伴旅人邸での梅花の宴、「初春令月、気淑風和＝早春、良い月にさわやかな風が吹く……」と謳われた。今の太宰府市「坂本八幡神社（天満宮）」がその場所で、もちろん私もよく知っています。

4月2日（火）

環境省入省式、青年達を激励

4月1日は新年度初日、環境省では30人の新入生の入省式が厳かに行われました。

私は大臣として辞令の交付と挨拶に立ち、諸君の入省を心から歓迎すること、職員の心構えなどを形通り話したあと、「失敗を恐れないこと、失敗は将来の糧にすること」、「約束は必ず守ること、守れない約束はしないこと」、「自分は選挙で何度も落選したが、落選の時こそ実は多くの人々が見守ってくれたこと」などを訓示として伝えました。合わせて、新元号という記念すべき年に社会人を出

発するのは、空前絶後、その幸運を誇りに思わなければなりません、と結びました。

これを終えて、私は新元号決定閣議のため総理官邸に急ぎました。

4月3日（水）

「梅花の歌」が詠まれた太宰府「坂本八幡神社」

新元号「令和」「梅花の歌」が詠まれたという、太宰府の坂本八幡神社の最近影。

国司　大伴旅人の屋敷あと、この場所で酒盛りが開かれました。「初春令月、気淑風和……」（早春の月は美しく、柔らかな風が吹く……）もここで詠まれたといいます。（『万葉集』、山上憶良の作とも）

4月3日朝7時に、私が撮影しました。

4月5日（金）

北海道の明日を創れ

北海道十勝地区から、私の所に6、7年通ってい

る「ハイセル社」の佐藤社長と松村さん。畜産と環境両面に寄与する素晴らしい技術力と潜在力を秘めた2人ですが、今日まで日の目を見なかった。

必ず成功する、の固い信念のもとで一歩一歩実現に向かっています。

今日は地元の応援者、本別町「髙橋正夫」町長と一緒に来訪された。髙橋氏は、十勝地区町村会会長の要職にもある。ハイセル社の思想と将来性は、遠くない日に必ずや地域産業の柱となるはずです。

4月10日（水）

愛犬との別れ、「幸せだったかい」

愛犬「福ちゃん」が死にました。長い間一緒にいて、本当に大事な家族でした。

私たち夫婦の家庭生活は、新聞の政治のことや選挙活動の話しばかりで、せめて癒しは福ちゃんのことでした。今日は何食べた、啼き声が近所に迷惑掛けてないか、犬の病院の先生が優しいの、猫より犬の方が飼いやすいか、など実に他愛ない。環境大臣になると、「俺は動物愛護の責任者だ」が加わりました。

正確には分かりませんが、13、14歳のかなりの老齢で、この1、2年はめっきり弱ってきた。歩きもゆっくり、食事も細くなり、啼き声も小さくなった。そして2カ月前だか後足を痛めて立てなくなった。そのまま、いわゆる寝たきりに。

妻は、しかし真剣に養生していました。寝たままの犬にスプーンで食べさせ、工夫して水も飲ませる。朝夕はパンパースも取り替えていた。私も2、3回は手伝ったが、とても面倒くさい。地方選挙が激しくなると妻は一段と出ごとが多くなる。一方、私は「余り無理するなよ」と言い置いて、上京するばかりでした。

「そうか、仕方ないな。でも福ちゃんも君のお陰で、幸せだったのではないか」。会議中、掛かってきた妻からの電話に、私は短く答えました。電話の向こうの妻は泣いていていました。

今、私は敢えて問い掛ける、「おい、福ちゃんよ、お前は俺の家に来て、本当に幸せだったかい」

4月10日（水）

被災町村長の陳情団

福島県の原発被災の町村長、議会議長が揃って意見具申、陳情に来られた。発災8年が経ち、避難指示が少しずつ解除されるなど復旧復興の足取りは着実に強くなっていますが、全体としては「未だ道半ば」、余りに多くの課題が残されています。今日は最も被災の大きい同県帰還困難区域を抱える町村長、議長団が切々と現状を伝えられ、私たち環境省も真剣に受け応えしたところです。

4月10日には大熊町が全町避難を乗り越え、14日には、大川原地区に建設された同町新庁舎開庁式が晴れて行われます。

4月12日（金）

北京にて、日中経済閣僚会議

日中経済閣僚会議が北京において行われました。河野太郎外務大臣を筆頭に6閣僚が出席しました。初日（4月13日）は日本大使招宴、2日目は中国側の「王毅」外務大臣を議長として全体会議、3日目は「李克強」国務院首相との合同会見や「李幹傑」環境大臣との二者会談などをこなしました。

私は環境大臣として、パリ協定の長期戦略、海洋プラスチック汚染問題、生物多様性条約など、わが国の立場、主張を目一杯発言しました。

私が中国訪問するのは4年振りです。今回の会議は日中関係が「殊の外、良好」という認識の上で開催されたのですが、日中外交関係を専門に取り組んできた私にとっては、閣僚という立場は別にして、感慨の深いものとなりました。

4月16日（火）

王毅外相とのこと。日中閣僚会議（その2）

中国の王毅外務大臣とは特に縁が深い。13年も前になる、平成18年4月、王毅氏は駐日の中国大使をしていた。小泉政権時、日中関係は靖国問題などで荒れていた。衆議院外務委員長の職にあった私は、単身訪中して中国政府に抗議に赴いた。その前後、王毅氏とは激しく、何度にもわたり合った。その後王毅氏は本国に戻り実力をなし、今外務大臣としての地位を不動のものにしている様子だ。

王毅氏との再会は久し振りである。「本当に久し振り、何年になりますか。随分ご活躍の様子で。ともに頑張りましょう」、と短く日本語で言葉を交わした。好敵手の活躍をお互い、複雑に（！）誉め合っているような。

4月16日（火）

安倍総理主催、「桜を見る会」。「新宿御苑」にて

3月13日（中国、出張前）。東京・新宿御苑にて恒例、安倍総理主催の「桜を見る会」が行われ、約2万人の人々が参加しました。八重桜を中心に、花はほぼ満開のうえ、何より素晴らしい天気で、皆さんはきっと喜ばれたと思います。安倍総理は相変わらずの超人気で、打ち並ぶ行列の中で揉みくちゃにされていました。

私も多くの知り合いと会うことが出来、楽しい機会となりました。なお「新宿御苑」は環境省の管理施設、いわば環境大臣たる私は「地主」に当たる存在で、開会前には安倍総理に対して御苑の開園時間

の延長など最近の業務の動きを説明したところです。

4月17日（水）

新紙幣が決まる。横倉医師会長のこと

5年先というが、新紙幣の図柄が決まったことは、何か嬉しい気持で一杯です。お金は、本当は自分で持つ（所有する）から嬉しいものですが、今回は（持ってなくても）何故か気持ちがうきうき致します。人間夢があれば幸せ、いかに夢を持つことが大切かということです。

1万円札は「日本資本主義の父」渋沢栄一、5千円札は「女子教育の母」津田梅子、千円札は「医学、科学の父」北里柴三郎です。いずれも日本の近代化に尽くした父親と母親で、全ての私たちに、日本人として生まれたことに改めて感謝と誇りを与えてくれます。

医者の北里柴三郎翁は九州熊本県の生まれです。田舎町から東京に出て来て様々な苦労を乗り越えて、近代医療の基礎を作り、医学教育にも力を尽くし（北里大学）、「大日本医師会」を組織し、医師の社会的地位を高めました。

実は何年か前、私の高校同級生で親友の「横倉義武」君が「日本医師会会長」に選ばれた。新聞記事に「横倉氏は、九州（という田舎町）から日本医師会会長になったのは、初代会長、熊本出身の北里柴三郎氏以来初めてです」とあった。私はその節、横倉君の大役に対し改めて敬意を示したものです。その横倉義武氏は、「世界医師会会長」の任も経て、今もなお「日本医師会会長」として大活躍をしています。我々仲間の真の誇りです。

4月17日（水）

長野県「朝日村村長」への感謝状授与

長野県朝日村の「中村武雄村長」に「環境大臣感謝状」を授与致しました。朝日村に職員から村長として長く奉職されながら、再生エネルギーの普及、森林の保全など環境政策に特に熱心に取り組まれたことで、地元の強い推薦を受けたものです。

村長は引退されますが、今後とも地域の先達として一層のご指導をお願い致しました。同行は、「務台俊介」代議士、「中島恵理」前長野県副知事（現環境省復帰）。

4月19日（金）

カリフォルニア州　州議会議員団来訪

米カリフォルニア州　州議会議員団が来訪しました。カリフォルニア州は1州で、面積は日本より大きく、人口は3分1、3500万人くらいで、いかに大きな州であるかがわかります。議員たちは日本の環境政策を質問し、私が主として地球温暖化、再生エネルギー、プラスチック問題などにつき説明しました。日本より米国の自治は進んでおり、それぞれの州が独自の規制法を持っているようで、民主党主体のこの議員団はトランプ大統領の（共和党）連邦政府には余

り関心を示しません。

4月19日（金）

巨星、墜つ。
元九電会長「川合辰雄氏」逝く

元「九州電力」会長で九州財界を永くに率いられた「川合辰雄氏」が亡くなられた。その果たされた役割と貢献度は他の追随を許さない。本当にその存在は大きかった。

私は個人的にも大変お世話になった。福岡に移ってきて支援者は少なかった。落選中は特に辛かった。福岡で政治活動するに、九電とのかかわりは殆ど決定的に重要であった。意を決して本社に伺い、発起人就任をお願いしたところ、快諾を得た。爾来私の会合ではいつも来賓のトップを務めて頂き、いつしかあの「川合節《ぶし》」が私の強味となった。多くの出席者に私への安心と信頼を広めて頂いた。私が「資源エネルギー庁」出身というのも親しみを感じて頂いたか。

心から川合氏のご冥福をお祈りします。

享年102。合掌。

『お別れの会』は大変悲しいものでした。

多くの遺徳の中に、若い人への訓示がありました。曰く、

1、与えられた仕事は徹底的にやり抜け。日本一となれ。

2、決して、愚痴や不満を漏らすな。

3、決して責任から逃げるな。

4、「自然体」を貫け。（自分の生まれながらの姿勢、性格、イメージを無理に変えるな。「自然体」でなければ長続きしない。）

これらは間違いなく、私への遺言でもありました。

4月21日（日）

「川合辰雄氏」（その2）
「桜のリレー」伝説

福岡市に「桧原桜《ひばるざくら》」伝説がある。昭和59年ごろ、南区桧原地区には桜の木が7、8本立っており、そ

の季節には住民を喜ばせていた。急に道路拡張工事が始まり桜の木は切らなければならなくなった。
　それを知ったある文化人が、せめてこの季節が終わるまで20日ほど切らずに残して欲しいと、市長あての嘆願書を歌に託し、枝にぶら下げた。（「花あわれせめてあと2旬　ついの開花をゆるし給え」）
　直ぐにそれを散歩の途中で見つけた人がいて、彼は会社の広報課長に、なんとかならないかと命じた。実はこの人こそ、当時九電社長の「川合辰雄氏」その人。課長は知り合いの新聞記者（「西日本新聞」）に相談し、記者はそれを大きく記事にした。地域は大騒ぎとなり、一方で嘆願運動が起こった。「進藤一馬市長」はせめて桜のシーズンだけは工事を延ばしたいと返歌で応じた。（「花惜しむ大和心のうるわしや　とわに匂わん花の心は」）
　かくして全国運動に発展し、桜の木は遂に切らずに一括して他処に移植、これが今の「桧原桜公園」に落ち着いた。これらは「桜のリレー、心のリレー」と呼ばれ麗しき市民運動の鑑となり、川合辰雄氏も進藤一馬氏も名社長、名市長として歴史に名を残すこととなった。

4月22日（月）

「桜井英夫」町議、5選

福岡県川崎町町議選で「桜井英夫」君が再選されました。平成6年頃、神奈川県から福岡県に転籍した太宰府の選挙事務所で、桜井君に秘書第1号として手伝って貰いました。無我夢中、お互いよそ者、訳も分からず2人であちこち走り回っていました。
　今回、投票日前日、やっと応援に駆けつけました。川崎町の選挙事務所には地元の皆様で溢れており、今回も大丈夫、と安心して帰ったものです。

4月22日（月）

福岡県の犬は「福」がマスコット

わが家の愛犬「福ちゃん」が逝って1月、まだ少し落ち込んでいる頃、嬉しいニュースがありました。福岡県の犬で最も人気がある名前が、なんと「福」、300人以上のアンケートからという。（因みに、猫は「命《めい》」）。

本当に驚きました。わが家の「福」が多くの人々に愛されていたこと、あの福ちゃんが天から戻って来てくれたことに、本当に驚き、さらに愛しさが増してきました。

4月23日（火）

緊張する「大臣記者会見」

毎週、火曜日と金曜日、午前中には欠かさず「閣議」と「記者会見」があります。定例の「公務」としては最たるもので、大臣になって初めてその大事さと忙しさを体感します。

「記者会見」はその省（環境省）の最終の公式意思を国民に向かって発表するもので、正直、最も緊張する瞬間です。私的な場ではなく、間違いは決して許されません。

普段は本省の会見場で行いますが、前後のスケジュールでは他に場所を変えて、例えば国会内の廊下などでも

行います。この半年で慣れてはきましたが、テレビやラジオで国民の皆様に直接語りかけていると考えれば、注意力、ことば使いなどは自ずから決まってきます。自分が省の最高責任者であることを改めて自覚する瞬間でもあります……。（写真は参議院本会議場の廊下の一角にて）

4月25日（木）

SDGsを推進する仏教徒の会

国連総会の決めたSDGs（エスディージーズ）（「持続可能な開発目標」）を推進する若手の僧侶達が来られて、今後の活動に力を合わせようと約しました。

SDGsの目指す理念こそ仏教思想と本然的に通底するものであって、宗派を超えて、この運動を開始せられたものという。SDGsは今や国全体で取り組むべき崇高な理念であり、環境大臣はその最も大切な自然環境の保護を担当しています。

今世界で、例えばイスラム教徒とキリスト教徒との残酷なテロの応酬が続いています。SDGs思想は、大自然の1木1草までを敬い、全ての衆生（人々）を1人残らず救わんとする仏教思想に源を発したかの学びも得た思いでした。

4月26日（金）

天皇皇后、最後の行幸啓、「みどりの表彰式」にて

4月26日、憲政記念館にて。「みどりの表彰式」が行われ閣僚として出席しましたが、この式典には天皇皇后両陛下がご臨席。両陛下にとってはこれが平成最後、天皇として最後の行幸《ぎょうこう》（＝ご外出）と言われています。レセプションにまで出席され、多くの皆さんと交歓され、ご退出は皆でお見送りしました。こういう瞬間に立ち会えることにも身の幸運を

感じます。
私は一旦福岡に戻り、残るはご退位、即位の礼に上京します。

東京都「小池百合子知事」との交流

4月26日（金）

小池百合子都知事と久しぶりお会いしました。小池さんは、衆議院在籍時は本会議場での席が長い間私の直ぐ隣りにあって比較的親友でしたし、「環境大臣」としては私の十数年前の大先輩に当たります。その後転じて都知事になり、豊洲市場問題で注目を集めたり、いつも目立つ存在ですが、最近はすっかり落ち着いてきました。
2人は近況を交換したうえで、私は環境大臣時代の苦労話や現在の東京都の環境政策を尋ねたり、また国会の最近の動きについて小池さんの質問にも答えたりしました。小池知事は来年の東京オリンピック、パラリンピックを成功させるために懸命に努力しておられる様子でした。

「『令和』は青年たちの時代」

4月27日（土）

朝倉青年会議所（ＪＣ）の「50周年記念式典」に出席し祝辞を述べました。50年、半世紀にわたって組織をつないでいくことは容易なことではないこと、自分も川崎青年会議所で活動し多くのものを学んだこと（時代は千葉県との東京湾横断橋が建設で揉めていた頃）、今年は日本青年会議所がＳＤＧｓ「持続可能な発展目標」を行動方針に示しており、環境大臣として高く評価していること、令和の時代こそ若者が頑張る時代であること、ついては、私の座右の銘「明日死ぬために今日を働け、永遠に生きるた

めに今日を学べ」（インド独立の父「マハトマ・ガンジー」）を伝えました。

4月29日（月）

「那須塩原市長渡辺氏」、当選挨拶

栃木県「那須塩原市」市長の「渡辺美知太郎氏」が1週間前の選挙の当選報告に来られた。前職は参議院議員。彼は元副総理、大蔵大臣、通産大臣を務められた故「渡辺美智雄先生」の孫に当たる。私は渡辺美智雄先生の秘書官を長く勤めた。言うまでもない、先生は私の最初の政治の師である。

その縁で、私と美知太郎氏はなにかと話が合う。那須塩原市には那須御用邸もあり、皇室の出入りも多い。平成から令和の御代替わりにあたり、大いに注目される都市でもある。市長には36歳という若さを発揮して今後の活躍を期待したい。

4月29日（月）

太宰府での記念茶会

明日に天皇ご退位を控えて、太宰府天満宮にて「第32回太宰府茶会」が行われました。雨天の中大変な参拝客で、また茶会は着物姿のご婦人達で溢れていました。

茶会といっても私に基本作法があるわけでなく、しかし機会は多いためにいつも度胸は座っています。今日も正客《しょうきゃく》を務めました。女子高校生を含む皆さんと記念撮影で、来たる令和時代を元気に迎えることになりました。席亭は井上宗宥社中（表千家不白流）。

4月29日（月）

平成、終わる。平成に感謝

4月30日、平成が終わりました。平成の30年間は国にとって戦後昭和を継いだ安定の発展期、成長と変革の年月でした。大きな自然災害も経験しました。

私にとっては激動の時代で、政治家としてはまた闘争と苦難の連続でした。平成2年に衆議院議員となり、爾来多くの成果に恵まれました。今や閣僚として内外存分に活動できる幸運は、全ての支援者、家族も含めて全ての関係者あってのお陰であります。

明日からは「令和」となります。「平成」は「内平にして、外成る」からと言われましたが、わが国は「さらに内を豊かにして、外（世界）の平和と豊かさを実現する」ためのより重い使命（ミッション）を持っています。私は新しい令和時代を皆さまとともに頑張っていきたいと考えています。

本日、宮中での「退位礼正殿の儀」に出席して、陛下より直々のおことばを頂き、改めて将来への決意を固くしました。両陛下のご退出には、さすがに感極まりました。

平成31年4月30日（火）

令和元年 環境大臣として Ⅲ

5月1日～8月5日

「令和」始まる。国の発展を

5月1日、いよいよ「令和」が始まりました。今朝はまず臨時閣議、即位の礼の万端が決められました。ついで着替え(燕尾服)した後、皇居に向かいました。天気は見事に晴れ上がり、皇居外苑では多くの人々がこの祝事を待ち受けていました。昨日の雨はいわば涙雨、先帝との別れの雨であり、今日の晴天はいわば新天皇謹賀の舞台づくり、実に天空こそ私たち日本人の心を何よりも表現していました。

「松の間」での、2つの式典「剣璽等承継の儀」、「即位後朝見の儀」を閣僚としてこなしました。新天皇の即位、おことば等を直々に拝謁して、令和の世の健勝ならんこと、国の発展を心から祈りました。

令和元年5月1日(水)

フランス・パリへの出張

平成・令和の「御代替わり」の諸行事を終えて、私は今パリに向けての飛行機上におります。案件は2件、先進7カ国(いわゆるG7)の環境大臣会議への出席、さらには日本の国家的懸案である「水素社会」建設のため、仏独の先進企業を訪問して実態を調査研究することとしています。

日を追って詳報しますので、是非ご期待下さい。

5月3日(金)

天皇陛下と水問題

天皇陛下が水問題の専門家であられるということは、比較的知られていることです。「世界水フォーラム」の名誉総裁も務めておられますが、これが単なる名前だけの尊称ではないということも知られています。ご自身「ライフワーク」とも位置付けて、日本の灌漑や治水、世界の水問題、アフリカ・ナイル川問題などを含めて常に歴史的、自然的観点から本格的に掘り下げられている。国際大会で基調演説されることも。近年の巨大津波や豪雨災害に対し防災、減災の必要性を説き、「地球上では6億の人々が安全な水を利用出来てない」と、「水」が貧困や教育、衛生、環境にも直結することを警告される。

一昨年8月のこと、私は国連本部で行われた水問題総会に自民党の二階幹事長らと出席しました。丁度そのひと月前、地元朝倉市が空前の豪雨災害に遭った直後です。日本代表としては、皇太子（当時）が、30分ほどビデオメッセージの形で演説をされた。これがまた　素晴らしかった。その内容は内外多岐に亘り、丁寧で分かりやすく、それでいて学問的にも整っていた。更に、（実はこれも自慢なのですが、）発言の英語が、発音も表現力も素晴らしかった。終えた後、周りの各国代表から、「素晴らしかった」、「立派な天皇になるだろう」との褒めことばを頂き、本当に嬉しい気持ちで一杯となったものです。（以上、1度は書きたかったこと、機内にて。）

5月3日（金）

驚異の水素型鉄道列車とは

今回の訪欧には、日本からトヨタ自動車、川崎重工など6社10人の水素専門家が同行しています。増山環境省顧問の指導、九州大学の佐々木一成教授（副学長）が団長役として付いています。わが国の最高頭脳グループと自負していますが、世界的に進んでいるパリ市内の2社を訪問して最新の情報を収集、交換しました。

「アルストム」）社。（フィリップ・デレー

上席副社長）

鉄道列車製造の専門会社で創業90年。フランス及び欧州各国の鉄道網に列車を供給するほか、環境エネルギーの観点から水素電池型列車を開発供給。その技術、社会的レベルは他を圧する。ドイツに水素鉄道を協力しているが、環境エネルギーにおける仏独の国家間協力の象徴となっている。

Air Liquide（「エアリクイード」）社。（ブノワ・ポティエ会長）

創業120年、日本との関わり80年を超える。水素ガスなど産業医療ガスの製造販売。初の水素燃料電池車開発、水素ステーションの普及。世界水素協議会共同議長。

5月5日（日）

環境大臣会議

フランスの東部メッツ（Metz）市にて「先進7カ国（G7）環境大臣会議」が行われた。会議テーマは気候変動、海洋プラチック汚染問題、生物多様性問題など多岐に及び、いずれも急を要する問題で、6月、長野県軽井沢町で行われる「G20環境大臣会議」への前哨戦ともいうべき場となった。米国、フランス、EUなど主要国との2国間会談もこなすなど、概ねしっかりと対応できたものと考えています。

演説の冒頭には、日本は令和の改元とともに、更に新たな気持ちで国際的な平和と繁栄のために努力する旨の挨拶を致しました。

5月7日（火）

コミュニケ発表、大臣会議終わる

Ｇ７環境大臣会議が終わり、決議文を発表し、閉会しました。私は日本の立場をしっかり主張するとともに、来月のＧ20閣僚会議への各国協力をお願いしました。閉会記者会見では、議長（フランス環境大臣）からは、特段名指しで日本の努力を評価して頂きました。

5月7日（火）

宮中行事「期日奉告の儀」への参列

皇居三殿、賢所《かしこどころ》における「期日奉告の儀」に参列しました。天皇即位を内外に広く知らせる即位礼の儀式を秋に行うことを神々に報告するという重い儀式で、天皇としては初めて衣冠束帯での祭祀、皇后さまも十二単衣で拝礼された。ついで皇族、閣僚も三殿の庭から拝礼しました。

5月9日（木）

鮮烈、「京都アピール」。環境会議、京都にて

京都国際会議場にて、IPCC（「気候変動 政府間パネル」）京都会議が行われました。100カ国以上の学者、研究者、企業などの集まった非政府組織の集まりですが、私も招待を受けて出席しました。

今地球温暖化、気候変動問題では、21世紀100年間の平均気温を19世紀のそれに比べて、「2度以内に抑えよう」、「いやそれでは十分でない、1・5度以内に抑えなければ」という大議論が行われています。

そのためには日本は、従来は「2050年には基準年に比してCO_2を80%削減」を目指してきましたが、遂に今回の会合で、最も努力したであろう「門川大作京都市長」が「2050年にはCO_2排出を実質的にゼロにする」と遥かに高い目標を「京都アピール」として宣言しました。中身の濃い議論の結果でした。

それを受けて私は「極めて高く厳しい目標ではあるが、私は政府を代表してこれを真摯に受けとめます」と演説を行い、大いに拍手を受けました。

「1997年、平成9年、この京都で、いわゆる『京都議定書』（Kyoto Protocol）が採択され、それがその後世界の環境政策の基本になったことは余りに有名です。京都にはそれだけの歴史と文化と自然環境と、人々の努力が詰まったところです。令和元年が始まったこの時期に、再び京都を舞台に、同じ国際会議場で、実に22年ぶりに、新しい環境目標を発信することは、日本にとっても、また世界の国々にとっても極めて意義深いことです。更にこれこそがSDGs」と、私は演説を結びました。

5月12日（日）

仏教界、環境に対し懸命に

京都会議の後、京都の仏教宗派、「本門佛立宗《ほんもんぶつりつしゅう》」の本部の環境展示会を訪問しました。同宗派は現代の環境政策は仏教思想にこそ軌を一にするとして、SDGs運動や国の環境政策を積極的に支援しており、とりわけアル・ゴア氏（元アメリカ副大統領で、世界的環境政策指導者）を仰いで、活動の幅を拡げるなど、私はその姿勢に心から敬意を抱いています。

今回は短時間でしたが、展示会を見学し、また同派最高指導者らと親しく懇談し今後の環境活動につきともに協力を約したところです。

学びのことば

・「将来を守るため、私たちはもう一度立ち上がらなければならない」（宇宙飛行士カールセーガン）

・「空は顔、月日はまなこ、山は鼻、海山かけて我が身なりけり」（日扇聖人）

5月12日（日）

「母の日」のこと

5月12日、すっかり忘れていましたが、今日は「母の日」だそうです。テレビで「おふくろの味は?」などやっていたので気が付きました。私にも立派な母がおりました。何にも無理は言わない、子どもの時から何でもやらせてくれました。

私は大学を出て会社に勤めていました。会社を辞めてやり直そうと思った時、慎重な父が反対をしました。その時母が珍しく強い口調で、この子の通りやらせましょう、とその場を決めました。おふくろもえらく強いなと感心したものです。

母も逝ってもう20年近くなります。

「100万人に100万人の母あれど、わが母に勝れる母なし」、このことばを何処かで聞いたことがあります。全ての人がきっとこの想いを持っていると思います。別に他所の人と比較するのではありません、ひたすら天上のわが母と密かに話しかければいいのです。

5月12日（日）

麻生派、5000人の大パーティー

東京にて恒例「麻生派」の政治パーティー「志公会と語る夕べ」が行われ、多くの人々が集いました。あの大きな会場が立錐の余地のないほど埋まりました。60人の政治家を抱え、今安倍内閣では最も勢いがあるとも言われており、メンバーとしても大いに誇りを感じています。

私たちが閣僚として存分に働けるのも、結局はこういう政治基盤があるからです。最後は議員ごと、麻生太郎会長（財務大臣、副総理）を入れての集合写真で会を閉じました。

5月15日（水）

「南極の氷」

南極への派遣隊員の「南條職員」が帰還して、大臣室に報告に来てくれました。夏季隊員として約半年、気象変化の観測など難しい任務を、稀有な環境の中で過ごしたと、お話しでした。本当に興味あるの自然界での交わりが楽しかった。

お土産に「南極の氷」を持って来てくれましたが、「何十万年前（！）の水と空気」ということです。いいと言うので一口頬張りましたが、実は味はあまり変わりませんでした（！）。

わが国は、今回の南極観測隊で60年目ということで、ほぼ毎回、環境省は職員を派遣しています。

5月15日（水）

嗚呼、遥けくも「お姉さん」と

「清水周《しゅう》」君は私と同級生で、東大時代一緒に柔道を取っていました。今も親しく行き来しています。柔道の稽古が激しく続くと、柔道着のぶつかりなどで耳を痛めます。耳朶《たぶ》が内出血し酷く腫れます。その都度病院に行き、注射器で血を抜いてもらうのです。清水君のお姉さんが当時東大病院に勤めておられ、私たち荒くれ者は柔道場で耳が腫れると、「ちょっと姉さんの処に行ってくる」と言って、病院まで走って行ったものです。

そのお姉さんが高名な医者、医学博士で、また実はわが環境省の保健関係の重要な審議会委員としてご活躍ということが分かったのです。その「清水夏絵」先生が周君と一緒にご挨拶に来てくれ、すっかり恐縮したと

ころです……。

私の耳は両耳、お陰様で多少のデフォルメを残しながら、今は形良く（！）収まっています。懸命に稽古に励んでいた若い頃を思い出し、あの「お姉さん」と再会できるなどの奇縁に、ひとり驚いています。

5月15日（水）

第1回「自民党エコ博」、巨大な白熊

自民党本部で第1回「エコ博」が開かれました。

「とかしき奈緒美」環境部会長の発案と指導力で、まず自民党議員こそが環境問題に認識を高めようと始まったものです。岸田政務調査会長と私が祝辞に立ち、その上で、初の論文コンテストの発表、表彰などもありました。

環境行政は、もちろん役所や行政も頑張っていますが、なんと言っても国民皆様の行動、生活に深く関わっており、その国民と直接接する政治家の役割が非常に大きいのです。今回多くの企業参加、外部の一般の人々の参加を得ました。洋上風力機、完全CO_2ゼロハウス、エコタウンの建設など意欲的な企画が展示され、次回からの出展も大いに期待されます。

突然、巨大な「白熊」が会場にちん入してきて総勢びっくりしました。白熊=氷が溶けつつある北極=環境問題へのアンチテーゼ（問題提起）、とコカコーラ社は説明しました。会場が一段と盛り上がりました。

5月16日（木）

「フロン類規制法案」の審議

午前中3時間、衆議院環境委員会において環境省提案「フロン類規制法の改正法案」審議が行われ、議了後に無事採決された。次は衆議院本会議、参議院での審議と続いていきます。各省大臣としては、国会での法案審議こそ最も大事な仕事であります。

（注、「フロン類」という物質は、冷房機や冷蔵庫を動かすに必須のものであって、世界中で珍重されてきた。しかしこれが20世紀末になって、地球を取りまくオゾン層（太陽光のうち紫外線を遮断すると言われる）を破壊することから原則禁止された。それに代わる物質として「代替フロン」とか「グリーン溶媒」とかが開発されてきたが、それらはまた「温室効果ガス」として地球温暖化に害を与えるため、原則大気に放出してはいけない。「フロン類規制法」はそれらのガスの排出を規制するための法律で、地球温暖化の深刻化に伴い規制の度合いを年々強化しつつある。）

5月18日（土）

福岡で「シンポジウム」を主催

福岡市にて環境省主催の「シンポジウム」が行われ、環境行政の中軸「地方循環共生圏」について議論しました。

私は冒頭に会の趣旨、環境省と地元福岡との関わり、朝倉豪雨災害後の復旧復興への取り組み、6月のG20への準備状況、国全体の環境政策の中で九州地区の役割等を説明しました。

会には福岡、熊本両県知事、ノーベル賞の天野浩博士（名古屋大学）など多くの関係者が出席しました。

「地方循環共生圏」（Locally Circulating Economy）とは……

　国の政策と協働しながら、地方が主体となってその固有の自然条件、社会条件、地域資源などを駆使して自律、分散型の共生社会を作っていくことで、結果的に地方再生、経済循環、環境の保全、保護を目指すことになる、という考え方（平成30年「第五次環境基本計画」で決定）。地球規模、国際的には「SDGs（持続可能な発展目標）」に対応するものと考えられる。

5月21日（火）

水素開発など、「九州大学と研究協力」

　九州大学を訪問して、今後環境省と九州大学とで研究、政策面で緊密に協力しようということとなりました。

　1、九州大学「伊都キャンパス」。新設なった広大な伊都キャンパスにて、久保千春総長、佐々木一成副学長らから、水素資源、水素電池の基本概念、将来展望、問題点などを聴き、また現場での最先端研究を視察しました。水素資源は、国として「究極の環境型エネルギー」と考えています。（佐々木教授は先般の仏独調査団の指導者をお願いしました。）

　2、「筑紫キャンパス」。春日市にある九州大学「筑紫キャンパス」も広大な敷地で、物理、工学系の高度研究が行われています。私たちは新エネルギー、再生エネルギーの最先端研究の2カ所、「太陽光・風力発電」と次世代原子力発電「溶融塩炉」現場を見学しました。

5月21日（火）

地球温暖化対策の最先端、大牟田市

大牟田市の環境対策施設「東芝エネルギーグループ・シグマパワー社」を訪問し、地球温暖化対策の先端技術「CO_2分離回収技術」（いわゆるCCUS）の実証現場を見学しました。日本がこの技術では世界で最も進んでおり、6月のG20環境閣僚会議では、その実態を発表する予定です。

5月21日（火）

沖縄県知事の訪問、「かりゆし」贈呈

玉城デニー沖縄県知事らの訪問を受けて、沖縄の郷土着「かりゆし」の贈呈を受けました。ミス沖縄さんが2人、同伴です。私は、熱中症や熱射病対策として、クールビズ運動を先頭で進める立場にあり、沖縄のかりゆしがそのシンボルのひとつとして、次週の閣議に着ていくことになるそうです。

玉城知事とは、少し前まで彼が国会にいるときは、政党は違うけど結構仲が良く、今回会った時には、「やー、久しぶり。君も大変そうだね」と、抱き合いました。

5月22日（水）

インドネシア・ジャカルタ知事、来訪

インドネシアの首都ジャカルタのアニス・バスエダン知事が挨拶に来られた（夫人同伴）。ジャカルタは1000万人の人口を有する大都市で、例外にもれず環境、とりわけ廃棄物対策に苦労しており、その面での協力を強く依頼された。廃棄物対策は先進国、途上国を問わず、どこの国も苦労しており、日本の先進的な技術はジャカルタにも応用できるものと考えられる。

同知事はインドネシアきっての若手政治家で、すでに閣僚経験もあり、遠くない将来の大統領候補でもあるという。

5月23日（木）

韓国の全権大使を迎えて。「環境外交」はあるか

韓国の南（ナン・グァンピョ）全権大使が、新任の挨拶に来られた。両国の環境問題などについて意見を交わしました。大使は日本経験もあり、中々の有能な外交官と見受けた。

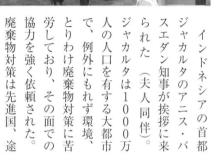

今の日韓関係は非常に複雑で、戦後最悪の外交関係といわれている。私は外交安保の専門を任じており、今は閣僚ゆえに言動は自制しているが言いたいことは山ほどある。内心の葛藤は大きい。

ただ、日韓はこれでいいはずはない。環境問題、実はどの国にとって気候変動もプラスチック問題も、共通の悩みなのだ。あるいは「環境外交」こそ日韓関係を解きほぐす契機にならないか。というのが、今の私の頭にある。

5月23日（木）

「日傘男子」、世にははばかる（！）

「イケメン男子」ならぬ「日傘男子」としてテレビ・デビューしました。記者会見において、日傘の有用性を紹介しました。

曰く「日傘をさせば体感温度が3度、涼しくなるそうです。今年も夏は暑くなりますが、熱中症対策には男性も日傘をさしましょう。日傘は女性の特権ではないのです」

この風景がテレビ各社でとりあげられ、私も「日傘男子」としてすっかりタレントになりました（！）。

5月24日（金）

金メダルに囲まれて

柔道の山下泰裕氏（「全日本柔道連盟会長」）は、来月にも「日本オリンピック協会」（JOC）会長に転進されることになっています。山下氏の激励会を柔道関係者で開きました。この機会に今の柔道界、来年のオリンピック、国際柔道連盟のあり方、試合ルールの変遷など

余りに多くの柔道課題について、山下さんと意見を交わしました。常にそれらの責任の立場におられるだけに、彼の言葉はさすがに今後の日本柔道を理解するに役立つ情報でした。またJOC会長になられても立派にやってくれるに違いと思いました。

同席の「岡野功」氏は「昭和39年東京オリンピック」の中量級金メダリストで、その華麗かつ天才的な立技はわれわれ大学時代には本当に憧れたものです。岡野氏は同じ金メダリストでも大先輩としての立場で、山下氏に色々なアドバイスもされました。

私も終生柔道に情熱を掛けたという自負を持っておりますが、2人のメダリストの真ん中では緊張するのはやむを得ません。関係者皆様のご活躍を祈ります。

5月27日（月）

トランプ大統領、歓迎式典

国賓として米国トランプ大統領が来日。天皇陛下への謁見、安倍総理との首脳会談。ゴルフや大相撲観戦、焼き鳥屋さんでの食事……、その存在感故に、国中の関心を集めました。

5月27日、国賓としての様々の式典が皇居を場所に行われ、私ら夫婦も列席する栄誉に浴しました。余りの体験に終始緊張の中に居りました。

午前中は、国賓としての歓迎式典、皇居広場。雲ひとつない青空、強い日差し。天皇陛下に引率されて大統領の登場、真っ赤な絨毯の上を大きな体躯の大統領が動かれる様は、さながら壮大なパノラマを見るような思いで、大国米国の存在を世界中に広めることにもなったでしょう。

夕刻には、晩餐会、大広間。天皇陛下の歓迎の辞もまた大統領の挨拶も、非常に心が籠もって立派なものでした。タキシードを着ての食事も次第に慣れてきました。終了後別室に移りコーヒータイムとなり、ここでは天皇陛下、大統領と私的にもご挨拶す

38

る機会も与えられました。私も大統領とほんの2、3分でしたが、直接に会話することができました（後刻報告）。

国賓の接受とはかくも大変なもので、それを巧まず支え、演出する裏方（国民、政府、皇室など）のご苦労に改めて労《ねぎら》いを捧げます。日米基軸という大なる国事にも十分に沿ったものといえます。

5月29日（水）

トランプ大統領との会話、瞬時に「global warming!」

トランプ大統領の来日は、その存在感故に国中の耳目を一身に集めました。世界の政治指導者であり、この人とどう折り合うかは、国としても現実の問題であります（好悪は別として）。政治家としても大いに考えさせられる3日間でした。

長い列、人混みの中で、ようやく私の番が来ました。直面すると、190センチ、100キロ以上の体格にはさすがに圧倒されます。テレビで余りに馴染みの顔で、初対面とは思えません。人懐こい。

私は自分を「環境大臣です」、と紹介して、「お会いできて光栄です」と型通りに挨拶しました。彼はいきなり「global warming（地球温暖化）は重要だ、global warming は国際的に協力しなければならない」と返しました。続けて「中国は難しい国だ」と加えました。私は、「日本とアメリカこそが力を合わせて頑張らなければなりません」と結びました。早や、別れですが、握手はグローブのような大きな厚い手でした。

瞬時の会話でしたが、トランプ大統領が環境問題、地球温暖化に強い関心を持っていることが分かりました。それ以上に、私が「環境大臣」と言った途端に「global warming」と返ってきたその反応の速さには、内心驚きました。（失礼ながら）これはやはり、ただ者ではない、と思った瞬間です。中国への拘りにも驚きました。

川崎町議会議長ら訪問、嗚呼、故郷とは

5月30日（木）

福岡県川崎町の議会議長となったと、「桜井英夫氏」が挨拶に来られた。桜井氏は、その昔福岡の私の事務所での秘書第1号として、共に苦労した仲。よく頑張って、今は議員6期目、遂に町議会議長になったということです。

同行は東京都の離れ島、神津島《こうつ》村議会議長の鈴木氏。実は桜井君は神津島の生まれ育ちで、神津島の村役場に就職した。そこでの最初の上司が鈴木氏だった。月日は巡り巡って、今回桜井君が議長になって、全国の町村議長会で歴史的再会を果たしたというもの。

桜井君は島を出て、全国をうろうろしましたが、常に生まれ故郷を誇りにしていました。その加減で、私まで昔から、行ったことのない神津島や小笠原諸島に夢を抱くようになったのです。一度は行きたいと思います。

5月30日（木）

全国「海ゴミゼロの日」

5月30日に因んで「ゴミゼロ」運動が始まりました。環境省と「日本財団」との共催でこれから10日間、全国で50万人ほどの人が参加して海ゴミを拾うこととし、そのキックオフ・セレモニーが江ノ島海岸（神奈川県藤沢市）で行われました。

私も作業着に身を固め、大臣として開会演説を行い、引き続き多くの皆さんとゴミ拾いを実践しました。全国

どの地域にも環境美化に向けて黙々と活動を続けている団体、組織、企業、個人がいるもので、本当に頭が下がります。藤沢市長、タレント「つるの剛志」さんらと一緒に盛り上げました。

ステージ上の巨大な魚モデル（捨てられたゴミが腹いっぱい入っている＝「海の叫び、うお」）には、本当にほろりとさせられます。

5月31日（金）

リハビリ治療の現場見学

海ゴミ活動の帰路、同じく藤沢市の総合病院「クローバーホスピタル」（篠原裕希理事長）を訪問して、リハビリ治療を中心とした診療現場を見学しました。篠原先生は、東京で私の主催する医療問題研究会における長くの友人です。

6月1日（土）

海洋プラスチック問題、政府原案を決定

国際的に喫緊の課題となっている「海洋プラスチック廃棄物問題」について、（閣議後）「閣僚会議」を経て政府原案を決定しました。現在、どの国も凄まじい量のプラスチック廃棄物を海に流しており、これを続ければこの世紀半ば（2050年）には、全ての魚、海洋生物はプラスチック廃材やマイクロ（微細）プラスチックに汚染されているとさえ予測されています。

環境省及び関係各省は、この半年綿密な検討を進めて、今回の政府原案「アクション・プラン」を策定しました。私は、6月15日からの「G20環境大臣会議」

（軽井沢）には、これを基に議長役を努めます。

6月1日（土）

壇蜜《だんみつ》さんと、省エネ、プラスチックの「エコ・トーク」

天気も気温も穏やかな6月1日、土曜日、東京「エコライフ・フェア」は、環境省主催で今年は30回目になります。青葉、若葉繁るここ代々木公園には多くの人々が集まり、大変賑やかなフェアとなりました。私はスタッフと一緒に沢山並んだ出展ブースを一軒一軒訪ねてご苦労やご意見を聴いて回りました。皆さんの環境、エコにかける情熱には感激しました。

目玉番組「大臣と壇蜜さんのエコ・トーク」にも出演して、省エネや海洋プラスチック問題など、今日の環境問題を楽しく議論しました。私が、「日傘男子」第1号ということも話題になりました。タレントの壇蜜さんは「環境大使」にも任命しています。

6月1日（土）

「レジ袋有料化」原案を正式発表

プラスチック汚染を食い止めるために環境省は「Plastic Smart 政策」を進めていますが、その中でも買い物の時のレジ袋の使い方に非常に無駄が多い。私が昨年10月、大臣就任の挨拶で発表したのが「レジ袋有料化の検討」でした。以来環境省の内外で検討・議論を進めてきましたが、一応の成案を得ましたので、夕刻には記者会見を開いてその旨を発表しました。大勢の関心を呼んでおり、これからしばらくの間、日本中で「騒然たる議論」が起こること、早晩には最高の結論が出ることを祈っています。

概要

・レジ袋は、無償で配布することは出来ない。欲しい客は、それぞれ有償で買い取ること。

・どの業界も一律に行い、不平等が起こらないようにする。

・有償分は当該業界で、環境活動、福祉活動などに使うことが望ましい。

・法律規制が必要であり、法形式は別途考える。

・本方式は「富山県」が10年近く運用しており、また20県近くに広がっており、実質的に「富山県方式」を参考にしました。

6月4日（火）

「かりゆしの日」

6月4日は「かりゆしの日」。閣僚は全員「かりゆし」を着て、閣議、閣僚会議を始め国会答弁など全部の公務を済ませました。暑い夏の到来で「クールビズ」が始まり、また沖縄の人々を特に励まそうという意味もあるらしく、私も新調の一着で涼しい1日を過ごしました。

クールビズ制度が始まり、夏の服装はすっかり開放的になりましたが、同時に1人1人が「省エネ努力すること」も決して忘れてはなりません。（注　私は「省エネルギー」、「クールビズ」担当大臣です。）

（写真は、安倍総理の主催する「宇宙環境に関する閣僚会議」の模様、私は左から2人目）

6月4日（火）

愛犬を偲んで

自民党本部前広場。地域の特産品の特売会。今日は和歌山県の特産品です。和歌山県は、妻の出身地として昔から馴染みの深い県で、販売所の前を通り過ごすわけにはいかない、私は犬の木彫りを買いました。愛犬、先日亡くなった「福ちゃん」のことを思い出したのです。

早速、この木彫りは、大臣室の入り口に置きました

6月6日（木）

地元の洪水対策、堅実に進む

筑紫野市二日市地区の高尾川水域はほぼ毎年、多少の雨でも床上浸水に襲われます。政治、行政にとっての長い間の懸案でした。平成26年8月の大洪水では大被害が起こり、遂に市、県、国が本格的に動き出しました。翌年から特別緊急対策として「地下河川シールド方式」という最も珍しい工法を採用しての工事が始まりました。

もう数年かかりますが、竣工の暁には地域一帯がいかに安堵するか、近代技術の成果こそ世に問われることになります。私もこの大事業の一端に関われたことを誇りに感じています。

6月8日（土）

東北「みちのくトレイル」全線開通式

全長1000キロメートル、福島、宮城、岩手、青森の4県、その28市町村を結ぶ、三陸沖縦断する「みちのく潮風トレイル（自然遊歩道）」が開通しそ

の記念式典が行われました。環境省の主導で行われ、東北の復興とその後の地方再生など諸々の意義を込めた大企画で、今後この場所を拠点に大きな効果を発揮するものと期待します。

２０１１年３月の東日本大震災、とりわけ未曾有の津波被害を受けたこの地域の人々は長い間の苦難に耐えながらも、黙々と復活の日に備えて努力をしています。国を挙げて、地域の復活を応援しなければなりません。

式典は感動的なものであり、環境大臣の私は全ての自治体の長と共に、しっかり手を繋ぎあい、「頑張ろう！」の雄叫びを連呼したものです。

式典に先立ち、仙台市隣接の名取市閖上《ゆりあげ》地区では津波被害者約１０００人の眠る慰霊碑に献花し、日和《ひより》山の社では鎮魂の祈りを捧げました。

6月10日（月）

参議院決算委員会にて

参議院決算委員会で答弁しました。決算委員会は、参議院の中でも特に権威のある委員会として、政府側も全閣僚が張り付き、より慎重に取り組むこととなっています。ＮＨＫも全放映。なお委員が発言の最中に、私は自席で風邪の咳が止まらず、周りの閣僚に迷惑を掛けました。日頃の不節制を大いに反省しています（ここだけの話）。

6月10日（月）

閣僚会議、「環境問題長期戦略」決定

閣議後には、その時々の政策テーマの政府案決議が行われます。閣議室から隣接する会議室に移って

のやや重々しい会議で、安倍総理自身か、菅官房長官が主宰されます。今日は環境問題が議題で私が実質説明して、内容が決定。これを基本に、私たちは今週のG20環境エネルギー大臣会議（長野県軽井沢）に臨みます。

楠田太宰府市長、安倍総理との会見

6月12日（水）

会見がありました。太宰府は、元号「令和」の発祥の地、そこで万葉の歌が詠まれたという坂本八幡宮を抱えた市として一層有名になりましたが、そのことを含めて楠田市長は総理と官房長官にお礼とその後の経過説明をされました。

「令和」が始まりひと月余、早くも私たちの生活にすっかり溶け込んできました、如何に日本人が元号という文化に馴染んでいるか、誇りにさえ感じます。

大臣表彰式典にて

6月12日（水）

全国各地で長い期間、環境保全に尽くした人々を表彰し感謝する、年1回の大臣表彰式が行われました。決して派手でない、ただ黙々と地域の活動を続けられた、本当に尊いことであって、私たちからは感謝の気持しかありません。

表彰式の後、懇親会も行われました。殆どの人と個別に握手し挨拶し、名刺を交わし、記念写真を撮りました。ある人から、「大臣、今回ほど心に沁みた言葉を頂いたことはあり

ません」と耳打ちされたたには、私こそが癒やされた思いでした。

6月12日（水）

来訪者たち（1）

太宰府市、筑紫野市、大野城市と那珂川市の４市議会の議長たち。全国市議会議長会への出席で上京しました。私の地元活動では最も世話になっている人々です。地元を離れて東京で会えるのもまた格別です。

6月13日（木）

来訪者たち（2）

長野県「軽井沢町長」藤巻進氏。いよいよ今週末にはG20環境大臣会議が長野県軽井沢でおこなわれます。その会場となる軽井沢には、受け入れ地としての様々の負担をお願いしています。数人の世界の閣僚、数千人の人々、厳しい警備が待ち受けます。

軽井沢町長が忙しい中来訪下さり、お互い準備の状況など最終の意見交換しました。軽井沢は国内外で有名な都市ですから、そこでの会議成果や各国の動静は情報として特に強く発進されます。次第に精神的な緊張感が増してきます。

6月13日（木）

来訪者たち（3）

公明党　環境対策議員団（団長江田康幸議員）。議員団にはプラスチック対策、気候変動対策など環境政策への積極的提言をたくさん頂いた。併せて、

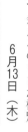

今週末に迫ったG20環境大臣会議への心強い応援を頂いた。公明党とは国会審議の内外を問わず、こまめにわが党と連携しており、これが連立与党の強みで日本の政治の安定、政権の活力に寄与しているものといわれます。

6月13日（木）

来訪者たち（4）

北海道　弟子屈《てしかが》町町長徳永哲雄氏。今年8月には本町で「美しい星空を見る全国大会」があるということで、そのご招待案内に来られました。大自然が残る国立公園内での、真夏の星空はどんなに美しいことでしょう。環境省の主催でもあり、皇室も来られるという、私は当然、万難を排して参加したいとお願いしました。

町長はもとより活力溢れる人で、過疎の町を活性化するために懸命に頑張っておられます。なお私も道産子の1人、小学校の4年間、北海道（沼田町）に住んでいたという話題で、場は大いに盛り上がりました。6月13日（木）

G20閣僚会議始まる、前日行事超多忙

G20がいよいよ始まりました。環境省総出で長野県軽井沢に乗りこみました。

まず、軽井沢町と実行委員会主催の「令和記念茶会」。水素エネルギーで茶湯を沸かすという「世界初めての大茶会」と触れこみました。町長が大伴旅人役、奈良時代の古典装束も出揃い、多くの外国閣

僚も出席された華やかなものです。（大伴旅人に由来する）太宰府市と富山県高岡市が協賛しました。

続いて、環境関係物産展示会で日本各地からの環境案件の発表の場、大会場狭しと展示されています。私は米国代表、ウィーラー環境省長官を案内して超速足で全体を回りました。

続いて、長野県知事らによる「環境対策に向けての『長野宣言』」を受ける取る手交式。続いて、米国（ウィーラー長官）及びEU（カニューテ担当大臣）との2国間対話。これこそが今次の最も実質的な仕事です。20分ずつの対話でしたが、これらの国々を議長国として纏めていくのは中々容易でない、というのが率直な感触で覚悟して臨まな

ければならないと決意しました。

日本人記者会見でも厳しい現状を率直に報告したところ。

県知事、町長主催の晩餐会。大掛かりなもので、私は冒頭のあいさつで、率直に厳しい会議となるが全体としてしっかりとまとまろうと訴えました。

6月15日（土）

G20全体会議

1日目、会議も順調に進んでおり、環境・エネルギー全体会議、分科会、合間には米国、EU、イタリア、中国などとの個別対話を精力的にこなしています。全ての閣僚で記念写真を、私もその真ん中で映ることとなりました（世耕経産大臣とともに）。明日の会議終了までになんとか良い結論が発表できればよいと思っています。

6月16日（日）

「20カ国環境エネルギー閣僚会議」（G20）成功裡に終わる

G20長野県軽井沢での会議が終わりました。環境と経済の好循環、技術開発とイノベーション、海洋プラスチックの管理の国際行動計画、気候変動への対応（adaptation）、生物多様性協定など多くの論点について議論を進め、いずれも合意出来たことは大変良いことで、また私は議長役を無事果たせたことに安堵しています。エネルギー部門との合同作業で、世耕経産大臣らとの協力関係もうまくいきました。

新聞、テレビなどメディアも幅広く取り上げて、環境とエネルギー問題への国民の認識も大いに広がったと思われます。

6月17日（月）

鳴呼、我が師との再会と佐久美術館

長野県は軽井沢のとなりに「佐久市」というのがある。軽井沢での閣僚会議を終えて、私は佐久市に急いだ。師として仰ぐ「神津武士《こうつぶし》」先生が待っておられるからである。最近といっても7、8年になる。今先生は93歳になられる、実に矍鑠《かくしゃく》と、相変わらず声はでかい。私の訪問を心から喜んで頂いた。

話は40年くらい遡る。私は関東通産局総務課長をしていた。ある日、えらく声のでかい人、「佐久市長」という人が事務所にいきなり入って来た。いきなり入って来て、課長の私にいくつか地元の陳情を告げた。そして嵐のように去って行った。少し失礼な、しかし凄い人だとだけ強い印象を残した。初め

て、政治家とはこんなものかと肝に残した。その後陳情の処理は多少手伝ったような気がする。

数年経ち、昭和58年のある時、市長からいきなり連絡があり、是非佐久市に来てくれという。美術館が出来たという。おっとり刀で駆けつけると、なんと盛大な落成式では、この美術館は原田さんの付けてくれた通産省の補助金で完成したと一番で紹介する。事情を掴めないまま、私はただ有難い言葉として受け取ることとした。

私は、その後選挙活動に入り、いつも悪戦苦闘の中にあった。ただ私の政治家像は常に、無意識に、ヨオッと右手を挙げて大声で事務所の中に入って来たあの瞬間の佐久市長があった。先生は程なく市長を引かれたが、何故か気が合い、以後ずっと、長野で、東京で、忘れた頃にごあいさつしている。先生は、まことに勝手ながら、私の政治の師なのだ。

今日も、私の大臣の様子をテレビで見て、周りのものに自慢しているよ、と相変わらず大きく笑われる。私はただ面が赫らむばかりだ。先生のご長寿と更なるご指導を祈るばかりだ。

その美術館、「佐久市立近代美術館」は横山大観、平山郁夫などを収蔵する。今もなお、営々と地元の皆様に大事にされているという。

6月18日（火）

環境対策を引っ張る企業へのアワード

環境対策に率先して取り組み、他の模範とすべき企業を表彰しました。

「米アップル社」や「セブン&アイグループ」などが代表的で、アップル社の女性副社長リサ・ジャクソン氏などは関係する全ての素材、エネルギーを「リサイクルや再生エネルギーで賄う」と宣言しています。今後環境省としてはプラスチック汚染など、さらに表彰の範囲を広げていこうと考えています。

6月20日（木）

釣り具企業の訪問。古い旧友との再会

日本中には釣り、フィッシングの好きな人がどれほどいるのか。私の趣味にはないけれど、「釣りきち」と言われる人は、身の回りにたくさんいます。その人々の道具「釣り具」を全て賄うのが釣り具企業で、その全国団体「日本釣用品工業会」（会長島野容三シマノ社長）の皆様が総出で訪問され、環境問題で意見を交わしました。

　釣りは言うまでもない、魚の棲む海、川と一体であり、それはまた環境政策と一体でもあるのです。

　この団体は年来環境活動に非常に熱心であり、河川や海浜の美化、清掃活動に積極的で、かつ全国展開の活動でも環境省は物心多大な協力を頂いています。

　引率は、旧友の松下和夫氏。実は彼とは本当に古い友達です。昭和49年、政府人事院のアメリカ留学の同期生、私は（旧）通産省、彼は出来たばかりの（旧）環境庁から派遣されていました。お互い気が合っていたのと、私は行ったばかりのワシントンで結婚したのですが、数少ない来賓の1人でもありました。

　彼は、環境庁職員第1期生として、環境行政の草分け的な大活躍をしました。かの「京都議定書」（COP3、1997年）の立役者として環境省の歴史では伝説、レジェンドとなっています。そのまま京都に残り、京都大学教授、同名誉教授として常に国の環境政策、環境思想の先頭に立っています。

その松下君が今この釣り具団体の世話をしており、今回の面会を企画しました。不肖私も環境省の中におり、2人にとっての友情は、奇しくも不思議な縁で結ばれていることを感じました。（松下氏は、左から2人目）

6月21日（金）

中央アジアとの環境対話。「ウラル海」の砂漠化など

中央アジア諸国と日本の間での環境問題対話を呼び掛けたところ、今回はキルギス、ウズベキスタン両国が来日、活発な交流がおこなわれました。凡そ中央アジアと日本は、外交的にはそれほど近いわけでないが、地政学的には非常に重要な地域であり、とりわけ環境問題での交流が重要という機運が盛り上がりました。

会合では両国ともに非常に積極的な取り組みが報告され、また日本も複雑な環境政策を説明して、互いの立場がよく理解できました。気候変動問題、廃棄物問題など共通課題もあったが、例えば、有名な内陸湖「ウラル海」は、いわゆる砂漠化が進み今ではほぼ干上がり状態となり、その湖底にあった塩分が大気に飛散し、地域の広い一帯に深刻な環境被害を与えているという、日本では予想できない問題も報告されました。

議長取りまとめで、私は今後参加国を拡大して毎年の開催を約しながら会を閉じました。

6月22日（土）

少年相撲大会、何と誇らしい子どもたち

九州全域から小学生、中学生の相撲力士が集まって、300人以上が覇を競う。本当に小さい小学生

から、もう大人顔負け、堂々たる体躯の中学生もいます。九州は尚武（武道が盛ん）の地域で、私にはそれだけでも嬉しいのです。

　思えば私もその頃は、相撲が大好きだった。そして強かった。学校では休み時間、本当によく相撲を取った。いくつも住む地が変わったけれど、何処でも神社奉納の相撲大会があったものです。「原田は相撲が強かった」と今でも言われるのが、実は密かな誇りす。

　今日の私のあいさつ。「『日の丸国旗』に向かって『君が代の国歌』は大きな声で歌いましょう。

　皆さんは日本に生まれて、またこの九州の地で、お父さんお母さんと生活出来ることは本当に幸せなことなのです。相撲は思い切り稽古しましょう。この九州から立派な横綱が何人も出ました。そして先日の大相撲にはアメリカからトランプ大統領が来て応援下さいました。令和の時代は君たちが頑張る時代です……」

6月22日（土）

環境省職員と共に、G20慰労会

　環境省職員にほぼ全員呼び掛けて「G20慰労の会」を開きました。（私の）大臣室を開放して、幹部がそれぞれ酒肴を持ち寄り、200人以上の職員が楽しく集ってくれました。私も得難い機会、若い職員たちとも親しく触れ合うことが出来ました。

　2週間前の「G20環境大臣会議」は、環境省挙げての対応でした。100人を超える職員が軽井沢町に長期間滞在して、閣僚会議本番までの準備と後処理に従事しました。

国際会議とは表舞台の活動ばかりでなく、多くの国々の利害を調整する、実に地味で粘り強い事務的な準備作業が伴うものです。本省に残留する職員は留守を守りつつ、派遣組と緊密な連絡体制を真夜中まで維持しなければなりません。

かくして、かの閣僚会議は共同声明を発表して、大きな成功を収めたことになっています。

新聞の一面には「海洋プラスチック汚染を国際管理」との見出しが踊るようになりました。環境省の総力戦で勝ち得たものと信じています。

6月25日（火）

アメリカの高校生、来訪

アメリカからの高校生が大勢であいさつに来ました。外務省の青少年交流事業で、テキサス州フレデリックスバーグの高校生たち。この町には太平洋戦争の歴史を刻んだWar Memorium（「戦争博物館」）があり、私も2年前には2、3の議員と一緒にここを訪問しました。そのまじめな、かつ非常に立派な展示内容に感銘を受けたものです。

私は歓迎の言葉を伝えたうえで、日本とアメリカの戦争と平和、歴史的関わりを話し、先月のトランプ大統領の訪問で、私は数分ながら直接に挨拶、会話したこと、現在日米の絆こそが世界で最も強いことなどを説明しました。さらに、はるか昔高校生の折に、オクラホマ州（タルサ市）に留学し、その時学んだことは今でも大事にしていますと付け加えました。彼らは明日以降福岡県も訪問し、学校訪問や県庁、「令和」の発祥地・太宰府見学、ホームステイなどを行い、日本を「学習」することとなっています。

皆さんの若さには、さすがの私も圧倒されました。若さとは本当に素晴らしいものです。

6月27日（木）

インドネシアとの閣僚会議

大阪でG20サミット（首脳会議）が始まりました。それに先立ち私はインドネシアとの閣僚対話に臨みました。インドネシアの「ルフット（Luhut）企画調整大臣」との間で環境問題を中心とする協議を行い、合意文書の共同発表をしました。廃棄物発電の技術協力、海洋プラスチック汚染に対する実施取り極め、アセアン地域での環境指導等を内容とするものです。

　インドネシアは今アセアン諸国の中でも、これらの分野で特に指導的立場に立っており、またルフット氏は最有力閣僚として活躍しています。

　これら閣僚レベルの成果を元に、サミットでは首脳による国家間合意が行われます。海洋プラスチック問題の取り決めは、主要議題として扱われます。

6月27日（木）

小笠原諸島へ環境視察

　6月29、30日に小笠原諸島への環境視察を行いました。小笠原は「国立公園」であり、また8年前には「世界自然遺産」にも登録されており、環境行政にとっても、非常に重要な地域である。本土から1000キロ以上離れた絶海の孤島ゆえ、固有の希少野生生物が生存（動物45種、植物25種）しており、一方外来生物有害種の増殖で絶滅の危機に瀕しているものも多い。環境省含め林野庁、水産庁、東京都、小笠原村など国全体で、これら生物の管理、保護、

育種、外来種の駆除等を行っており、関係者の努力たるや涙ぐましいものがある。自然環境保全法の改正で「海洋保護区」の設定も目指している。

・固有種　カタツムリ（陸産貝類）、オオコウモリ、アカガシラカラスバトなど

・有害種　グリーンノアール（トカゲ）、ノヤギ、ノネコ、ネズミなど

2日間かけて、小笠原ビジターセンター、世界遺産センター、東平、海洋センター、ウェザーステーション展望台等を訪問し、担当者から日頃の取り組み、苦労話などを聴きました。

7月1日（月）

小笠原の人々との交流と課題

硫黄島から小笠原までは（往復）海上自衛隊のヘリコプターにお願いした。所要80分。

父島に着くや、実に小笠原村長、議会議長ら100人近くの人々の出迎えを受けました。首に花飾りのレイをかけられ、小さな子どももたくさんいました。夕刻には中央公民館で心のこもった歓迎会を頂いた。「一度は来たいと思っていたが、遂に夢が実現しました。素晴らしい歓迎を受けて、これからも小笠原のために全力で頑張ります。私は実は令和の発祥の太宰府の出身です……」と挨拶しました。

小笠原諸島は本土から1000キロ離れている。明治時代に日本に編入されたが、戦後から昭和43年まで米国の施政下におかれた。古く漁業、捕鯨の関係で欧米人が棲みつき同化している。大小30の群島だが、有人島は「父島」1500人、「母島」500人のみで、周りは「兄島」、「弟島」、「姉島」、「妹島」、「婿島」、「姪島」など家族呼び名を冠した無人島が散在している。

本土から直接の空路はなく、基本的に週1便だかの定期船に依存しています（片道24時間）。飛行場

建設が島民年来の悲願であり、私も具に状況を聴取しました。飛行場建設に当たっては環境政策（環境影響評価）との調整が非常に大切な要素です。

諸島全体、観光資源としての自然景観は見事なものがあり、行政全体として正しく規制が行われていると感じます。

なお、4年前の中国漁船の小笠原地区サンゴ侵入事件においては、私も自民党員として激しく抗議活動したことを思い出しました（現在は沈静化）。

7月1日（月）

硫黄島での慰霊

東京と小笠原に直接の空路はない。往復、硫黄島を中継する。航空自衛隊輸送機をお願いした、約2時間。

「硫黄島」は太平洋戦争を介して最も重要な戦跡の島である。米軍と日本軍が死力を尽くした事実上最後の戦闘地である。実に2万を超える戦死者（多くは若い兵士たち）を出した。
硫黄島の「慰霊塔」及び「戦没者顕彰碑」それぞれに心を込めて礼拝をしました。今日の日本はこの人たちの犠牲の上にあることを決して忘れてはなりません。（米兵の慰霊碑にも礼拝。）

7月1日（月）

さあ、夏が来た、「熱中症」には負けないぞ!!

7月1日。いよいよ暑い夏がやって来ました。熱中症こそ、防がなければなりません。

環境省と民間団体共催で、「熱中症予防強化月間」の出陣式を行いました。場所は東京渋谷駅の「ハチ公前広場」。11時、環境大臣（私）が高らかに出陣を宣言しました。同時刻、全国、多くの自治体で同じく出陣式が行われています。

年間の熱中症患者の搬送数は交通被害者の何倍にも及ぶという（消防庁）。今年からNHKなどテレビでは、「暑さ指数」の代わりに「熱中症予防情報」として流します。今日、東京は小雨、一方九州は全域で豪雨注意報、皆で無事を祈りました。

なお、女優の「田中美奈子」さんが飛び入りで参加、元気と勇気を与えてくれました。最後は全員で「ガンバローコール」

7月2日（火）

九州大学と環境省とのESD研究教育協力「看板掛け」

5月19日の九州地区訪問の際、私たちは福岡市の九州大学を視察、環境、エネルギーの多くの分野について研究と教育で協力することを合意しました。

とりわけ「水素エネルギー」こそ「究極の環境型エネルギー」として、わが国も率先して開発すべきであり、九州大学は国内で最も進んだ学術研究施設と高く評価しています。

環境省としては大きな期待を寄せてお

り、この度、「ＥＳＤ＝Education for Sustainable Development（持続可能な発展のための教育）センター」の役割をお願いしました。

7月3日、関係者一同が九州大学の研究室に会し、私と久保千春総長がＥＳＤへの「看板掛け」のセレモニーを行いました。

なお今回の提携への実質的指導者たる「佐々木一成教授（副学長）」は、水素エネルギー問題の専門家で、現在はヨーロッパ出張中で、セレモニーにはスカイプによる衛星同時放送で参加して頂きました。（看板「環境省」は、恥ずかしながら、不肖、原田の作です。材質は、「東峰村」被災材を活用しました。）

7月4日（木）

参議院選挙、松山政司候補出陣式

参議院選挙が始まりました。自民党は、自信と誇りをもって、3期18年の実績と、さらなる将来性を買って「松山まさじ氏」を公認しています。

3年前の反省を踏まえて、全区トップ当選という高い目標を掲げてこの戦いに臨みます。私は「福岡地区選対本部長」の重責も担っています。

7月4日（木）

地球が危ない　物言わぬ動物たちの叫び！

「藤原幸一」さん、プロの写真家です。藤原さんは、人間の活動が地球を破壊し、それが自然の動植物にどれほどの苦しみと被害を与えているかを撮っています。世界の地の果てまで出掛け、動物たちへの限りない愛情と哀

しみを、粘り強く、大きな危険も乗り越えて撮り続けてきました。

　写真という偽りのない事実。物言わぬ象や猿が、観る者1人1人の身じろいを正させ、自分は今何をなすべきかを厳しく問い質すことになるのです。

7月5日（金）

SUGIZOって、誰だ？

　SUGIZOって、誰だ？　と、私は思わず聞きました。「大臣ね、大変な人気スターなんですよ」と言われて、びっくりしたものです。

　7月7日七夕の日、驚きました、「東京中野サンプラザ」は、何席か分からないけれど観客席は超満員、怖いくらいです。ロックバンドと言うのか、エレキギターとドラム、大騒音と大狂騒で耳が痛くなるような時間が流れました。観客はほとんど立ちっ放し、拳を振り上げ、演奏者と一体です。

　一瞬静寂した後、「特別ゲストの原田環境大臣でーす」と呼ばれたので、私は満場大拍手の中で舞台に上がりました。主役のSUGIZOさんと握手して、大観衆へのあいさつ。

「私はこんな大きな舞台に立ったことは初めて。スギちゃんの人気に敬意。今日はスギちゃんの誕生日らしいが、スギちゃんは日頃環境問題に大変頑張っている、そこで今日は感謝状を持って来たのです……」。万雷の拍手と歓声。かくして私は、SUGIZOさん宛て「環境大臣感謝状」を読み上げたのです。
　今日の七夕ライブは特別のライブでした。あの凄まじいエレキギターや舞台楽器の電源は全て「水素エネルギー」で賄われる。SUGIZO演奏は「世

界で初めて」、水素エネルギーを使っての演奏で、水素エネルギーを使った演奏は微妙に音色が違うという。私は、水素エネルギーこそ「究極の環境型エネルギー」と観衆に訴えました。
会場の外では、トヨタとホンダの自動車の組み合わせで、水素エネルギーによる発電装置が懸命に動いていたところです。

7月9日（火）

オリンピック・メダルは100%、リサイクルで

来年のオリンピック、パラリンピックの金銀銅メダルは全て、携帯電話や小型家電からのリサイクルから調達します（金銀銅それぞれ1〜2トン）。大きな国民運動が起こり、ほぼ2年かけてこの大目標が達成されました。
今日はその正式発表と主たる貢献者に対しオリンピック組織委員会から感謝状が贈られました。環境省も組織挙げて頑張り、私は政府の代表として祝辞を述べました。私は「この成功をひとつの実績（レジェンド）として踏まえ、むしろ今後のリサイクル運動の契機にすることが必要で、これからは『アフターメダル作戦』として、小型家電収拾リサイクル運動を展開していく」ことを宣言しました。

なおオリンピック組織委員会の「森喜朗会長」とは久しぶりご挨拶致しました。先生には若い頃から随分ご指導頂きましたが、ある時は2人で中国だかを訪問したこともあります。

7月11日（木）

青森県遊説、「滝沢もとめ」氏を

青森県の参議院候補「滝沢もとめ」氏の応援に盛

岡市、弘前市にやって来た。滝沢氏は県議会を経て参議院1期、環境、国土分野を得意としており、地元青森のために懸命に働く、麻生派で同志でもある。

相手は野党統一候補、なかなかの強敵だ。私は言う、決して油断してはならない。選挙は厳しいことをもって本望とすべきである、厳しければ厳しいほど、本人も陣営も努力し、身を律するものである。相手候補はいわゆる「野党の野合」と言われる。民主系も共産党も政策を述べないかわり、一旦選挙が終われば、再び野党間の闘争の修羅場になる、そんな政党にこの国を任せられるか。

政治の安定あってこそ、初めて経済も政治も外交も社会政策も語られる。

7月12日（金）

「三内《さんない》丸山遺跡」

青森県に行ったのを機に、「三内丸山遺跡」を訪れた。5000年前、縄文文化はほぼ本州全域、北海道まで広がった。中でも青森地区三内丸山遺跡は大きいものであった。原始大和民族の活力に感銘する。遺跡を立派に保存管理する青森県ほか地元の関係者には敬意を表します。

私は各地、これらの遺跡を追うのが大好きです。

7月13日（土）

大阪府参議院選挙、「太田房江さん」

大阪府の参議院選挙、「太田房江」候補は激戦です。他地区と異なり「維新の会」の存在が非常に大

きく、定員4に2人の維新の候補を出している。自民党太田候補も頑張っていますが、決して油断出来ません。

太田さんと私は遠く50年近く遡る。彼女が大学を出て旧通産省に入ってきて、私（課長補佐）の部署で下に付いた。意見や主張ははっきり言う、同時に、周りへの気配りは非常に行き届いていた。ほぼ1年一緒にいた。通産省ではしっかりと職務を納め、岡山県副知事、そして大阪府知事2期、そして参議院議員となった。今新人議員としては大活躍しており、伸びゆく大阪のために更に働かせて欲しい……。

演説会場は大いに盛り上がっていました。私の京都在住の義理の兄弟も参加してくれました。

7月14日（日）

岡山県、「石井正弘候補」

岡山県選挙区は石井正弘氏。元知事で参議院は2期目を目指します。安定した戦いを進めているようですが、決して気は抜けない。

同県出身の山下法務大臣とともに応援に立ちました。私とほぼ同年で、「われわれベテラン勢で、山下さんのような若手に負けずに頑張ろう」と演説し、聴衆の喝采を浴びました。

7月14日（日）

大分県、比例代表「衛藤せいいち氏」

全国比例「衛藤せいいち氏」の応援のため大分市に入りました。衛藤氏は大分県県議会出身。衆議院議員の平成2年初当選組で私と同期になります。同じ九州のよしみで私と付き合いは長い。鋭い政治感覚で安全保障、社会福祉、国家制度、皇室問題などで政治を引っ張る、今は安倍総理の側近中の側近。

選挙の苦労も人並み以上で、衆議院4期で落選、参議院比例区に転身して今度は3期目にあたる。全国比例というのも実は大変な選挙で、衆議院にない苦労がある。

豊後大野市での決起大会では、私も故事来歴を含めて大いに盛り上げました。

更に大分県の大分選挙区としては、自民党「磯崎陽輔候補」が野党統一候補と、厳しい競り合いをしています。大分市内の森林組合や企業グループを回り、集票に務めました。

7月14日（日）

故郷、川崎で、「島村大」さんを

神奈川県選挙区「島村大《だい》」さんの応援に川崎市の川崎駅に行きました。土曜日の夕方、夥しい人の流れ、大都会の人々、選挙にどれだけ関心があるのか。それでも皆で声の限りに「自民党」と「島村大」を叫びました。島村氏は大健闘している様子です。

川崎は私にとって「本当の故郷」です。平成5年頃までこの場所を中心に無我夢中で選挙活動をしていました。当選1回、落選2回の決して忘れ得ない場所です。往年の人々とも多くご挨拶しました。元参議院議員「斎藤文夫」先生は91歳になられるという、いまだご健在で島村候補の後援会長を務めておられる。政治関係、また通りすがりの人々と、お互い齢はとったけれど旧交を温めました。

7月14日（日）

好漢「丸山和也」、全国、駆ける

比例代表「丸山和也」候補の応援に大阪まで行きました。法律専門として自民党の司法制度調査会長などを歴任、国会では法務、文教、社会保障、国家制度等の政策を強力に引っ張っています。テレビ出演などで顔と名前は売れていますが、組織的支援がやや少ない、その分「人間力」でもって、過去2回の選挙を戦ってきました。自民党としては、国会にどうしても不可欠な人材です。大阪は曽根駅と豊中駅で街頭演説をしました。

丸山さんと私とは本当に長い付き合いで、若い時、就職時代からの付き合いです。どこかで知り合い、2人は司法試験で苦労していました。中々受からない、遂には2人（もう1人3人）で、ほぼ丸1年、閉じこもって勉強しました。お陰で3人一緒に合格して、それぞれの道を歩き始めました。私が政治の道に入り、そして追っかけ丸山君がこの道に入って来た、これが2人の経緯で、当然国会や自民党で彼こそが私の真の兄弟分ということです。

7月14日（日）

秋田県、「中泉松司」候補

秋田県に飛び、県選出「中泉松司」さんへの決起大会に出席しました。40歳で現役1期の若手ホープ、相手は野党統一の女性候補、非常な激戦で、7～800人の大集

会。人数が多いとこちらも気合いが入ります。後刻菅官房長官も現れて、自民党最重点候補として必勝の構え。

7月15日（月）

宮城県にて比例「和田政宗」候補

新幹線で仙台に入り、比例区候補の『和田まさむね』さんの応援に入りました。和田さんは6年前、元他党の宮城県選挙区から当選、今回は自民党比例区から立候補。44歳の苦労人で、思想堅固、教育や福祉に賭ける信念には気迫が漲《みなぎ》っています。

今日は国民の祝日「海の日」で、港町「七ヶ浜町」では壮大かつ荘厳な海の儀式が行われ、海の平安と人々の大漁を、皆さんと供に祈願させて頂きました。私は挨拶の中で、海洋プラスチック汚染を防止することも訴えました。

選挙区愛知治郎候補については、優勢なるも最後のお願いをしました。

7月16日（火）

福島選挙区「森まさこ」候補、一歩先行か

福島県の「森まさこ」候補の応援に会津地域「西郷《にしごう》村」へ。自民党本部の「萩生田幹事長代行」とも一緒しました。地元の市町村長、議会関係者、商工団体など一丸となって支援態勢は出来上がっています。「菅家一郎」環境大臣政務官も実質的な取りまとめ役で、「森まさこ」氏は接戦と言われていたが、ようやく抜け出たという情報も。

西郷村は、「村」と言いながら、新幹線も止まる

（「新白河駅」）、常磐高速道路のインターもあり、人口も増え、若年年齢層も多い。珍しく発展途上の中にあり、国（環境省）としても更に積極的な政策支援を進めることが必要と感じたものです。

7月16日（火）

「豊田としろう」あと一歩（千葉県選挙区）

千葉県の選挙区候補「豊田俊郎」氏は、自民党2番手で、今共産党と最後の議席を争っている。本当に大接戦で、陣営も真剣である。「緩んだ方が負け」という選挙の鉄則からすると、今が一番苦しい瞬間である。鈴木俊一オリパラ大臣と一緒に応援に乗り込み、あと今井絵里子参議院議員（いずれも麻生派所属）も追っかけて来た。

7月17日（水）

高知県土佐清水市、「高野光二郎」君

高知県の土佐清水市、高知県のほぼ西端の港町。高知飛行場から3時間、同じ派閥の「高野光二郎君」の応援にはるばるやって来ました。高知県・徳島県の「合区地区」で、2県分の広さを高野候補が1人で飛びまわっています。高野候補は1期を終え、すでに党務もこなし、今や「農水政務官」も務めています。

相手は共産党が党名を隠して「無所属」で頑張っているが、高野候補は油断さえなければ、一応勝てそう。応援の顔触れも悪くない。

土佐清水市はもちろん初めてで、有名な「四万十《しまんと》川」を中心に拓けている。豊かな農漁村であるが、人口減少は止まらず、しっかりした政治家を作らなければ過疎地方はこれから大変である。側を流れる仁淀川《によどがわ》は日本一「透明度の高い」川として知られる。

7月18日（木）

東京都、最注目、「丸川珠代」候補

「丸川珠代」候補、環境大臣の先輩にも当たる。今の環境政策の路線も布いた。子育てしながら、立派に政務もこなす。もはや文句無し、「当確」との呼び声も。

7月18日（木）

東京都、2番手「武見敬三」候補、死闘

激戦、東京都選挙区、僚友「武見敬三」氏に、終盤に来てようやく芽が出てきました。もう一息で本物になる。世田谷区での決起大会に、多くの地元役員も集い、この雰囲気なら希望が持てる。「責任政党」自民党であって、無責任な野党とはわけが違う。「言ったことは必ずやる、出来ないことは決して言わない」と私はいつも演説を締めることとしています。野田聖子氏、菅官房長官……と弁士は続く。

7月18日（木）

新潟県「塚田一郎候補」、最後のお願い

新潟県選挙区（塚田一郎候補）は、全国でも最注目の選挙区。自民党、麻生派として最重点区、既に安倍総理、麻生財務大臣もそれぞれ2度ずつ応援に

入り、更に後が陸続と続いています。

本来なら塚田氏は順調な選挙であるべきところ、失言問題で苦境に入っている、時間をかけて謝罪と反省を重ねており、概にリカバーしたと期待しているが、戦況未だ安心出来ない。最後のお願いに力が入る。

ここ柏崎は、原発地域として、地元の皆さんが大変に苦労されている。併せてかの「横田めぐみさん」が北朝鮮に拉致された場所で、塚田氏はめぐみさんと同窓生とかで、その救出活動には特に懸命である。

選挙は最終盤、「西村やすとし」官房副長官、地元の「細田健二」代議士と、期せずして「通産省トリオ」が集結しました。

7月19日（金）

嗚呼、我らが祖先よ！

新潟県新幹線「長岡駅」。「縄文土器」。日本人の祖先が紛れなく、ここに住んでいたのです。

1万5000年から5000年頃まで、ほぼ本州全土で「縄文文化」が栄えました。「4大文明」と言われる「メソポタミア、エジプト、インダス、黄河」（平均ほぼ3～5000年前）に比しても、遥かに古くからわが国には高度な文明が栄えていたのです。

7月20日（土）

中曽根康弘内閣総理大臣に接する

群馬県は総理大臣を多く輩出した土地です。高崎市は中曽根先生の生誕、本拠でもあり、今は先生の私塾『青雲塾』が残されています。急ぎ立ち寄り、ご挨拶だけを致しましたが、先生の志の大きさには圧倒される思いでした。

先生は、現在１０２歳になり、矍鑠《かくしゃく》としておられるという。

新幹線「高崎駅」には、福田赳夫、小渕恵三、福田康夫と合わせて４人の総理大臣の堂々たる揮毫《きごう》があり、訪れる人々に身動《みじろ》いを正させる雰囲気があります。

7月20日（土）

プラスチック・ボトルを〈完全に〉リサイクル、驚異の技術開発

栃木県小山市、「協栄産業」は驚異的な企業です。ペットボトルは今地球上に溢れています。石油由来の資源から作られ、工夫され、リサイクルは進みましたが、それでも残渣は廃棄物として出てきます。

協栄産業社は遂に技術開発を完成させ、廃ボトルは全て次ぎのボトルにリサイクル（再利用）され、一切の残渣は出てこないことにした。

社長の「古澤栄一氏」は技術屋さんですが、私は彼をむしろ「革命家」と思いました、何故なら彼は、プラスチック製品を無害化するに「一切の妥協」を許さない厳しい気持ちを持っているからです。今全国に10カ所以上の工場を持ち、その倦くことない向上心は、出会う（内外の）人々の心に、「執念」という火を与えずにはおきません。折しも、先月、G20大阪サミットでは、安倍総理の指導力で、「全ての国は2050年までに廃プラスチックの海洋投棄を一切禁止する」ことが決定されたところです。

「新1万円札の『渋沢栄一』も偉いけど、皆さんの『古澤栄一』も偉い」、というのが、私の社員への別れのオヤジギャグでした。

7月20日（土）

選挙運動、最後の日、東京にて（その1）

場所は秋葉原駅前。自民党青年局主宰、選挙最後の演説会。閣僚がリレーで応援演説するという。ここは東京だから、選挙区は、厳しい状況にある「武見敬三」を何度もコールしました。

7月20日（土）

東京にて、山東昭子候補応援（その2）

新橋駅前、機関車横。夜8時まで後30分、山東昭子候補の最後の応援演説をしました。17日間の選挙期間、本当にご苦労様でした。

「山東昭子さんこそ自民党の良識で、女性のリーダーです」

7月20日（土）

参議院選挙、終わる。皆さま、ありがとうございました

参議院選挙が終わりました。私は、今回地元福岡には時間がなく、党本部の指示も踏まえて全国の同志の応援に走りました。演説では国の、自民党の政策を一方で訴えつつ、候補者の売り込みを行う、しかし折角の機会ですから、地球温暖化、プラスチックゴミやレジ袋有料化など環境政策についても協力要請を致しました。

選挙の結果は、いつの世も非情なものです。多くは当選を果たしましたが、不幸にも負けた同志もおります。国民の審判は謙虚に受け取り、それぞれを真摯に活かしていくことこそ民主主義選挙の本来の役割であります。

自民党、与党で安定多数を取ることが出来ました。学ぶことも多くあり、さあ、次は衆議院選挙だ、と身の引き締まるのを覚えたところです。

7月22日（月）

「男も日傘を！」〈Parasol for men!〉

「宮武和広」さんは大阪から、家業が代々の洋傘屋さんですが、「男も日傘をさそう会」を20年来地道に続けてこられました。タレントの「稲垣吾郎」さんも熱心な日傘愛好者という。先日新聞のコラムに宮武さんが載っていたので、大臣室にお呼びして直接話しを聴きました。

私も「日傘大臣」として売り出しましたが、すっかり意気投合したところです。

まず日傘は夏の熱中症対策の切り札になる。しかも、女性は一般的、日本の美しい慣習、文

化と定着していますが、男性にとっても、日傘スタイルが新しい慣習になり得るということです。自動車の生活が多くなりましたが、歩く運動（万歩計など）と日傘を組み合わせれば、健康増進と熱中症対策、男のファッション……と良いことづくめ、と盛り上がりました。「男も日傘」の会を強化しようとなり、環境省もバックアップするつもりです。男もパラソル！

7月23日（火）

東京電力原子力発電所を視察。新潟県柏崎市

原子力防災担当大臣（内閣府）として、新潟県柏崎市に出張し、東電柏崎原発サイト所在地の「桜井雅浩柏崎市長」、「品田宏夫刈羽村長」ら地元関係者と親しく意見交換をした。7月23日、1日目の動きについては翌日の地元紙に掲載された。

7月24日（水）

原子力発電所、視察

東電「柏崎刈羽原子力発電所」は7基の原子炉を持つ世界最大の原子力地点といわれます。平成23年3月の東日本大震災、福島原発事故を受けた安全基準の強化により現在は全ての原子炉が休止中です。その間でも、万が一の事故も起こしてならず、周辺地域、周辺住民の安全、防災対策、避難対策には万全を期さなければなりません。

原子炉など内部施設も細かく説明受け、また要員の訓練実習や、事故時（想定）の実戦配備なども実見し、かつ発電所地域外の医療施設（総合病院）、オフサイトセンター、地域コミュニティなども視察しました。安全を守ろうとする自治体、地域社会と電力会社の協力態勢には気迫

のような強い意志を感じました。冬の豪雪期の住民避難態勢は今後の課題でもあると考えました。記者会見ではこれらのことを率直に答えました。

7月26日（金）

「田中角栄先生」に接する

柏崎刈羽から新幹線長岡駅への帰路、「田中角栄記念館」に寄りました。元総理、田中角栄先生はこの地域（西山）のご出身。余りに大きな活動、人臣を究め、波乱万丈の人生……、われわれが比すべきものは何もないが、われわれが政治家として学ぶべきことは余りに多く残された。

村を流れる「別山川」に架かる4本の橋には、それぞれ「和田橋」、「市中橋」、「井角橋」、「東栄橋」と田中角栄先生の名前の各字が冠されているという。なお、私はその昔、一度だけ晩年の田中先生にお会いしたことがある。昭和60年春、私は通産省勤務を終え、政治生活を始めようとする時に砂防会館にてご挨拶した。私の岳父「前田佳都男《かずお》」が生前、田中派の参議院議員を務めており、特段の激励を賜った。それは緊張の瞬間であった。

7月26日（金）

東京の夏祭り、涼を求めて「打ち水」行事

東京駅の直線道路をぶち抜いて、今日（26日、

金）夕方は丸の内地区「夏祭り」、暗くなれば盛大に盆踊りも行われるという。

　恒例の地元行事「打ち水」が行われ、私も環境省代表として呼ばれました。「打ち水」は江戸古来の庶民の知恵で、今や日本の風物詩、夏に涼をもたらす実益に繋がります。私は挨拶の中で、熱中症対策には、「男も日傘、パラソル」もあることを実演しました。

　東京駅前は一帯「三菱地所（株）」の勢力範囲、小池都知事、千代田区長らも来賓に同席。壇上と一般参加者、一斉に木杓で水を撒いて、歓声のうちに終了。

　梅雨も明け、本格的暑さが東京にもやって来ます。

7月26日（金）

オクラホマ州タルサ兄弟よ、UAE（アラブ首長国連邦）環境大臣

　「UAE環境大臣」を迎えて、両国の今後の環境協力について話し合いました。UAEには今年の5月、「再生エネルギー閣僚会議」で訪問したところですが、経済的にも大変豊かで、政治も安定し、エネルギー環境政策の取り組みも非常に真面目であるものと理解しています。秋には

実質トップの皇太子の来訪を機に、広範な協力協定を締結する予定です。

なおジディオール環境大臣は、米国オクラホマ州タルサ市立大学に資源問題で留学しました。実はそのはるかに以前、私が高校生の時に、同じタルサ市に留学しており、2人の環境大臣は「タルサ市」を通じて「同郷の兄弟分」ということとなり、特段の親しみを共有したところです。

7月28日（日）

「炭素税導入を検討する」、記者会見

定例の記者会見にて環境政策として「いわゆるcarbon pricing（炭素税）の導入を検討する」と発言しました。これは政治的、社会的に大きな問題で、今後国会の内外でも大議論となります。

7月24日には環境省の中央環境審議会「カーボン・プライシング検討小委員会」が約1年を掛けた議論を取りまとめました。いわゆる炭素税を導入するに当たって如何なる問題点があるかを各界各層の意見を取りまとめたもので、結論は、導入すべしの意見と反対の意見が対立し具体的方向は決まられなかった。

私は環境政策の立場から、導入の方向で検討すべきものとしました。気候変動、パリ協定、日本の政策的立場などから、これはかねがね必要なものと考えており、今後本格的検討を進めなければなりません。「環境と経済の好循環」（環境対策と経済成長との一体化）という思想も基本に据えています。

7月30日（火）

「至誠神の如く」（東郷平八郎神社）

所用あって東京渋谷区の東郷神社を訪れて、参拝もした。宮司ほかの人々と挨拶を交わしたうえで、祭神東郷平八郎元帥の記念館・茶室にご案内された。至誠（誠を尽くす）という言葉が多く見られ、元帥の生き様が彷彿とされる。

東郷元帥は、日清戦争で名を挙げ、日露戦争では

連合艦隊司令長官として完勝し、「世界の３大提督」の１人といわれた。米太平洋艦隊司令官ニミッツ提督には師と仰がれた。鹿児島県出身。

7月30日（火）

「ちびっこランド」を全国展開。その生命力は

新しいタイプの保育園「ちびっこランド」を展開している「学栄社」が久しぶり挨拶に来られた。その斬新な理念と幼児教育にかけるほとばしる情熱は、他の追随を許さない。「萩原吉博」会長は稀代の経営者でもある。全国に５００園、在籍２００００児童を抱え、英語教育、保育士の育成などその活動領域は広い。

私との付き合いは長い。助けてもらうことが多く、手伝ったこともある。

萩原氏には今、「声」が無い。彼は全く声を失っていた。彼はこの数年、厳しい闘病の中にあった。癌を得て、各所の手術も３、４回では済まない。喉も切った。超難病にも遭った。

そして今、彼は雄々しく蘇った。声こそ失ったが、昔の彼はそこにいた。なんと懐かしい再会であったか。彼の信念と生命力には圧倒される思いで、心から敬意を払いたい。

8月1日（木）

「星空の街、あおぞらの街」全国大会、北海道東部

「星空の街、あおぞらの街」全国大会が北海道弟《て》子屈《しかが》町で行われた。平成元年に始まり、今回で31回目、全国３７０自治体が参加している。自然環境を限りなく保存し、かつ観光、地域興しへの活用も目指す。式典には

高円宮妃殿下が臨席された。
夜には屈斜路湖畔にて満天の星空、星座群の解説を聴いた。

8月4日（日）

阿寒湖、北海道東部「国立公園群」への視察

北海道東部、2泊3日、中身の濃い視察で出張を終えました。北海道は広大であり、とりわけこの東部地域の阿寒湖、摩周湖、屈斜路湖らの恵まれた自然遺産は、国立公園群として、環境省、北海道、地元自治体の協力の中で行き届いた管理と運営で保護されている。

これら自然遺産は、一方で厳しく保全されつつも、観光資源、地方再生の目玉としての役割も大きく期待されており、環境省の「国立公園満喫プロジェクト」、「インバウンド1000万人目標」の最先端の役割も担っています。

なお、アイヌ新法施行に基づくアイヌ文化伝統の継承については国も本格化してきたことにつき、鈴木北海道知事と意見交換。また今や北海道でも全国どの地方と同じく高温度化と熱中症対策には、特段の注意が必要であると実体験しました。

観察、視察先

・阿寒湖畔、エコミュージアム、ボッケ遊歩道、カムイルミナ野外演出鑑賞
・摩周湖畔展望、硫黄山、川湯温泉地域、廃屋予定地域、横綱大鵬記念館
・北海道知事面談、地元町村長との面談、「星空の街
・全国大会」役員、高松市長、与論島町長面談
・釧路湿原、ビジターセンター、野生動植物保護センターほか

8月5日（月）

原田義昭（はらだ・よしあき）

昭和19年10月、福岡県生まれ。外務委員長、財務金融委員長、文部科学副大臣、厚生政務次官、自民党筆頭副幹事長などを歴任。現在、衆議院議員、環境大臣、内閣特命担当大臣（原子力担当）、弁護士。

環境対策こそ企業を強くする

環境との運命的出遭い

発行日　令和元年9月10日
著　者　原田義昭
発行者　川端幸夫
発行所　集広舎
福岡市博多区中呉服町5－23　〒812－0035
電話 092(271)3767　Fax 092(272)2946
印刷／製本　モリモト印刷
ISBN978-4904213-82-7